地震の村で待っていた猫のチボとハル

山古志村で被災したペットたちの物語

池田《いけだ》まき子《こ》

ハート出版

☆目次《もくじ》

この本《ほん》に表記《ひょうき》されている市町村名《しちょうそんめい》は、地震《じしん》が発生《はっせい》した時《とき》のものとしました。
「山古志村《やまこしむら》」は、二〇〇五年《ねん》四月《がつ》に、長岡市《ながおかし》に編入合併《へんにゅうがっぺい》され、現在《げんざい》は、
「長岡市山古志《ながおかしやまこし》」となっています。

はじめに

新潟県《にいがたけん》のほぼ中央《ちゅうおう》に位置《いち》する中越地方《ちゅうえつちほう》は、米《こめ》どころで知《し》られています。稲《いね》刈《か》りが終《お》わった田《た》んぼが夕日《ゆうひ》に照《て》らされて、どこまでも広《ひろ》がっています。

二〇〇四年《ねん》十月《がつ》二十三日《にち》の夕方《ゆうがた》、ここを震源地《しんげんち》とした中越地震《ちゅうえつじしん》が起《お》きました。川口町《かわぐちまち》で震度《しんど》七、小千谷市《おぢやし》、山古志村《やまこしむら》、十日町市《とおかまちし》では、震度《しんど》六強《きょう》の激《はげ》しい揺《ゆ》れを観測《かんそく》しました。

山《やま》は崩《くず》れ、道路《どうろ》はひびが入《はい》り、あちこちで寸断《すんだん》されました。大《おお》きな余震《よしん》がひっきりなしに続《つづ》き、子《こ》どもも大人《おとな》もおびえるばかりで、なすすべがありませんでした。

静《しず》かな町《まち》や村《むら》で穏《おだ》やかに暮《く》らして来《き》た人々《ひとびと》の生活《せいかつ》も、代々《だいだい》受《う》け継《つ》がれて来《き》た「ふるさと」の風景《ふうけい》も、一瞬《いっしゅん》にして、それまでとは全《まった》く違《ちが》ったものになってしまったのです。

この中越地震《ちゅうえつじしん》で亡《な》くなった人《ひと》は六十七人《にん》、けがをした人《ひと》は約《やく》五千人《せんにん》におよびました。また、避難《ひなん》した人《ひと》は十万人《まんにん》、壊《こわ》れた住宅《じゅうたく》は十二万棟《まんむね》に上《のぼ》るなど、新潟県内《にいがたけんない》に大《おお》きなつめあとを残《のこ》すことになりました。


この地震《じしん》で被害《ひがい》をこうむったのは、人《ひと》だけではありません。いっしょに暮《く》らしていた動物《どうぶつ》たちも、幸《しあわ》せを奪《うば》われてしまいました。

余震《よしん》が続《つづ》いて混乱《こんらん》する中《なか》、飼《か》い主《ぬし》とはぐれた犬《いぬ》や猫《ねこ》がさまよいました。

「全村避難《ぜんそんひなん》」となった山古志村《やまこしむら》では、動物《どうぶつ》だけが置《お》き去《ざ》りにされました。避《ひ》難所《なんじょ》や仮設住宅《かせつじゅうたく》で飼《か》い主《ぬし》といっしょにいることを許《ゆる》されず、動物保護管理《どうぶつほごかんり》センターに預《あず》けられた動物《どうぶつ》がいました。さまざまな事情《じじょう》で、動物《どうぶつ》たちもつらい日々《ひび》を過《す》ごさなければならなかったのです。

けれども、道路《どうろ》が復旧《ふっきゅう》し、壊《こわ》れた家《いえ》が修理《しゅうり》されたり建《た》て直《なお》されたりして、少《すこ》しずつ街《まち》がよみがえってきました。飼《か》い主《ぬし》の生活《せいかつ》が元通《もとどお》りになるにつれて、動物《どうぶつ》たちの目《め》にも輝《かがや》きがもどってきました。

動物《どうぶつ》保護《ほご》管理《かんり》センターに預《あず》けられていた動物《どうぶつ》も飼《か》い主《ぬし》の下《もと》にもどり、ようやくいっしょに暮《く》らせるようになりました。一方《いっぽう》、やむをえない事情《じじょう》で飼《か》い主《ぬし》から手放《てばな》され、新《あたら》しい飼《か》い主《ぬし》の下《もと》に落《お》ち着《つ》いた動物《どうぶつ》もいました。

被災地《ひさいち》の人《ひと》たちにとって、地震《じしん》で失《うしな》ったものは少《すく》なくありませんでしたが、生《う》まれ育《そだ》った「ふるさと」を思《おも》う気持《きも》ちは、前《まえ》よりも強《つよ》くなりました。また、家族《かぞく》の絆《きずな》を確《たし》かめ合《あ》い、動物《どうぶつ》と暮《く》らせる喜《よろこ》びをあらためて感《かん》じることができました。

さらに、この中越地震《ちゅうえつじしん》は、動物《どうぶつ》といっしょに生《い》きるためには、私《わたし》たちがどうすべきかを教《おし》えてくれました。置《お》き去《ざ》りにされた動物《どうぶつ》たち、不幸《ふこう》な運命《うんめい》を背負《せお》った動物《どうぶつ》たちが、その健気《けなげ》な姿《すがた》で、私《わたし》たちに大事《だいじ》なことを教《おし》えてくれたのです。

1　震度《しんど》七の巨大《きょだい》地震《じしん》

ここは新潟《にいがた》県《けん》山古志《やまこし》村《むら》。

樺沢《かばさわ》さんの家族《かぞく》は、村《むら》の北部《ほくぶ》、最《もっと》も標高《ひょうこう》の高《たか》い種苧原《たねすはら》地区《ちく》に住《す》んでいます。

二〇〇四年《ねん》十月《がつ》二十三日《にち》。土曜日《どようび》で学校《がっこう》が休《やす》みのこの日《ひ》、圭介君《けいすけくん》、恒平君《こうへいくん》、直人君《なおとくん》の三兄弟《きょうだい》は、家《いえ》でのんびりと過《す》ごしていました。

「そろそろ、ごはんよ～」

お母《かあ》さんのまり子《こ》さんの声《こえ》に、一階《かい》のリビングに集《あつ》まってきました。夕食《ゆうしょく》はいつも六時《じ》ごろと決《き》まっています。食卓《しょくたく》を囲《かこ》み、家族《かぞく》五人《にん》そろって、おいしいご飯《はん》を食《た》べるはずでした。

五時《じ》五十六分《ぷん》。

「ズド〜〜ン」という大《おお》きな音《おと》とともに、下《した》から突《つ》き上《あ》げるような衝撃《しょうげき》があり、一瞬《いっしゅん》で真《ま》っ暗《くら》になりました。

「なっ、なんだ！」

ドドドーー　ガガガーー。すさまじい音《おと》が鳴《な》り響《ひび》き、大《おお》きな横揺《よこゆ》れが襲《おそ》ってきました。

「地震《じしん》だ！　火《ひ》を消《け》せ！」

お父《とう》さんの和幸《かずゆき》さんが叫《さけ》びました。台所《だいどころ》にすわりこんでしまったお母《かあ》さんは、大《おお》きな揺《ゆ》れに立《た》ち上《あ》がることすらできません。なんとか台所《だいどころ》に入《はい》ったお父《とう》さんは、ガスコンロの火《ひ》を消《け》すと、扉《とびら》が開《あ》いた冷蔵庫《れいぞうこ》と食器棚《しょっきだな》を押《お》さえました。

ガシャン、ガシャーン、食器棚《しょっきだな》から物《もの》がふっ飛《と》ぶように落《お》ちてきます。家《いえ》全体《ぜんたい》がガタガタ、ミシミシ音《おと》を立《た》て、今《いま》にもつぶれそうです。

「お父《とう》さん〜〜、こわいよ〜〜」

一番下《いちばんした》の直人君《なおとくん》の声《こえ》が震《ふる》えています。

「外《そと》に逃《に》げるんだ！　早《はや》く！」

お父《とう》さんの声《こえ》に、子《こ》どもたちが玄関《げんかん》に向《む》かいます。停電《ていでん》で足元《あしもと》がよく見《み》えません。

「お母《かあ》さん、早《はや》く、早《はや》く！」

子《こ》どもたちの呼《よ》ぶ声《こえ》に、お母《かあ》さんも壁《かべ》を伝《つた》いながら進《すす》みました。玄関《げんかん》に置《お》いてある金魚《きんぎょ》の水槽《すいそう》がこわれ、ガラスが飛《と》び散《ち》っています。くつをはく余裕《よゆう》などありません。五人《にん》は命《いのち》からがら外《そと》に飛《と》び出《だ》していました。

圭介君《けいすけくん》は中学《ちゅうがく》一年《ねん》、恒平君《こうへいくん》は小学《しょうがく》六年《ねん》、そして直人君《なおとくん》は二年生《ねんせい》。ショックで顔《かお》が真《ま》っ青《さお》になり、足《あし》も震《ふる》えています。

「みんな、だいじょうぶか。けがはないか」

そう言《い》ったお父《とう》さんの腕《うで》に、血《ち》がにじんでいました。割《わ》れた食器《しょっき》の破片《はへん》で切《き》ってしまったのですが、大《おお》きなけがではなさそうです。

ゴゥ〜、グラッ。

「また来《き》たぞ！」

外《そと》に出《で》てほっとしたのもつかの間《ま》、また大《おお》きな揺《ゆ》れが来《き》ました。

子《こ》どもたちは、お父《とう》さんとお母《かあ》さんにしがみつきました。雷《かみなり》のようなゴーという音《おと》とともに、次々《つぎつぎ》に大《おお》きな横揺《よこゆ》れが襲《おそ》ってきて、まともに立《た》っていられません。

「みんな、いっしょだから、だいじょうぶだ」

お父《とう》さんが子《こ》どもたちをなだめます。

（何《なに》はともあれ、みんな、一階《かい》にいて、よかった……）

もし、だれかが二階《かい》にいたら、もし、だれかが出《で》かけたりしていたら、どうなっていたでしょう。

ゴゥ〜、グラッ。

また、次《つぎ》の揺《ゆ》れが襲《おそ》って来《き》ました。

みんな立《た》ちすくみました。揺《ゆ》れの収《おさ》まるまでこらえるしかなく、生《い》きた心《ここ》地《ち》がしません。

大《おお》きな被害《ひがい》を受《う》けた山古志村《やまこしむら》。

「みんな、だいじょうぶだったか……。すごい揺《ゆ》れだったねえ。もう、死《し》ぬかと思《おも》ったよ……」

近所《きんじょ》の人《ひと》たちが集《あつ》まってきましたが、みんな、何《なに》をどうしていいのかわかりません。でも、こんなときは、大勢《おおぜい》で身《み》を寄《よ》せ合《あ》っていたほうが安心《あんしん》です。

「ちょっと、近所《きんじょ》の様子《ようす》を見《み》て来《く》るよ。ここにいるんだぞ。すぐ、もどってくるからな」

お父《とう》さんは、子《こ》どもたちを落《お》ち着《つ》かせると、近《ちか》くを回《まわ》ってくることにしました。お年寄《としよ》りだけで住《す》んでいる家《いえ》も少《すく》なくなく、家《いえ》に閉《と》じ込《こ》められた人《ひと》がいないか、助《たす》けを求《もと》めている人《ひと》がいないか心配《しんぱい》だったのです。

あたりは、ほとんど真《ま》っ暗《くら》になりました。ふと、空《そら》を見上《みあ》げると、数《かぞ》えきれないほどの星《ほし》がまたたき、いつもよりひときわ明《あか》るく、お月様《つきさま》が輝《かがや》いていました。

停電《ていでん》で、家《いえ》の明《あ》かりも、街路灯《がいろとう》の明《あ》かりもありません。真《ま》っ暗闇《くらやみ》の中《なか》、月《つき》明《あ》かりだけが頼《たよ》りです。

「冷《ひ》えてきたから、車《くるま》に入《はい》りましょうか」

だんだん気温《きおん》が下《さ》がってきました。お母《かあ》さんが集《あつ》まったお年寄《としよ》りに声《こえ》をかけ、ワゴン車《しゃ》に乗《の》せました。だれもが着《き》の身着《みき》のまま、かろうじて外《そと》に出《で》てきたのです。車《くるま》で暖《だん》をとり、朝《あさ》を待《ま》つしかありません。

「助《たす》かるよ。どうも、すまないねえ」

「いいんですよ。お互《たが》いさま」

別《べつ》の車《くるま》の方《ほう》にも、近所《きんじょ》の人《ひと》を休《やす》ませました。

ゴーッ、ドド～～ン……。

夜《よる》のしじまを破《やぶ》って、また恐《おそ》ろしい音《おと》が聞《き》こえてきました。地鳴《じな》りなのか、山《やま》が崩《くず》れる音《おと》なのか、不安《ふあん》におののく子《こ》どもたちの耳《みみ》にも、深《ふか》く重《おも》く、不気《ぶき》味《み》に響《ひび》きます。

見回《みまわ》りに行《い》ったお父《とう》さんがもどり、近《ちか》くの人《ひと》はみんな無事《ぶじ》だったことがわかりました。子《こ》どもたちはようやく安心《あんしん》して、ワゴン車《しゃ》に乗《の》り込《こ》みました。余震《よしん》が次々《つぎつぎ》に襲《おそ》って来《き》ます。車《くるま》が右《みぎ》に左《ひだり》に揺《ゆ》さぶられますが、だれもどうすることもできませんでした。

夜《よる》が白々《しらじら》と明《あ》けてきました。

余震《よしん》がおさまらず、大人《おとな》たちは一睡《いっすい》もできないまま、朝《あさ》を迎《むか》えました。前《まえ》の山《やま》が崩《くず》れ、赤茶色《あかちゃいろ》の地肌《じはだ》を見《み》せています。地面《じめん》にはひびが入《はい》っています。電信柱《でんしんばしら》が傾《かたむ》き、今《いま》にも倒《たお》れそうです。傾《かたむ》いた家《いえ》、屋根瓦《やねがわら》が崩《くず》れた家《いえ》など、見《み》たこともない悲惨《ひさん》な光景《こうけい》が、目《め》の前《まえ》に広《ひろ》がっていました。

「こりゃあ、ひどい……どうすればいいんだ……」

「ほかの地区《ちく》はどうなったんだろう。携帯電話《けいたいでんわ》もつながらないし、ラジオでは山古志村《やまこしむら》のことは何《なに》一つ放送《ほうそう》してくれない……」

地震《じしん》の後《あと》、車《くるま》のラジオからは、各地《かくち》の被害情報《ひがいじょうほう》がひっきりなしに流《なが》れていましたが、村《むら》についての情報《じょうほう》は全《まった》くありません。このとき、村役場《むらやくば》も大《おお》きな被害《ひがい》を受《う》け、防災無線《ぼうさいむせん》も使《つか》えなくなっていたのです。

そのうち、「元《もと》の小学校《しょうがっこう》に避難《ひなん》するように」と知《し》らされ、歩《ある》いて五分《ふん》ほどの旧種苧原小学校《きゅうたねすはらしょうがっこう》に向《む》かいました。廃校《はいこう》になって使《つか》われていない校舎《こうしゃ》です。電気《でんき》、水道《すいどう》、ガスが止《と》まり、復旧《ふっきゅう》がいつになるのかわからないので、みんなで食《た》べ物《もの》を持《も》ち寄《よ》って炊《た》き出《だ》しをすることにしました。

それでも、時間《じかん》が経《た》つにつれ、少《すこ》しずつ情報《じょうほう》が入《はい》ってくるようになりました。村《むら》で亡《な》くなった人《ひと》やけがをした人《ひと》がいること。村《むら》の東西《とうざい》を結《むす》ぶ羽黒《はぐろ》トンネルが地滑《じすべ》りで埋《う》まってしまったこと。川《かわ》が崩《くず》れた土砂《どしゃ》でせき止《と》められていること。道路《どうろ》があちらこちらで寸断《すんだん》されていること――耳《みみ》をおおいたくなるような知《し》らせばかりです。

そして、村《むら》の外《そと》に通《つう》じる道《みち》はすべて土砂《どしゃ》でふさがれてしまい「陸《りく》の孤島《ことう》」と化《か》していることが、ようやくわかったのです。

種苧原《たねすはら》地区《ちく》の人《ひと》たちは元《もと》の小学校《しょうがっこう》の体育館《たいいくかん》で、また眠《ねむ》れない夜《よる》を過《す》ごすことになりました。震度《しんど》四、震度《しんど》五の強《つよ》い余震《よしん》が続《つづ》く中《なか》、ただただ、時《とき》をやり過《す》ごすしかありませんでした。

樺沢《かばさわ》さんの家《いえ》では、猫《ねこ》を二匹《ひき》飼《か》っていました。母猫《ははねこ》のチボと、その子《こ》どもでオスのハルです。夕方《ゆうがた》、玄関《げんかん》でエサを食《た》べると、二匹《ひき》いっしょに外《そと》に出《で》ることが多《おお》く、地震《じしん》が起《お》きたときも外《そと》にいたはずです。

家《いえ》の中《なか》は物《もの》が散《ち》らかってめちゃくちゃになり、壁《かべ》にはひびが入《はい》り、中《なか》に入《はい》るのは危険《きけん》です。また大《おお》きな余震《よしん》が来《く》るのではないかと思《おも》うと、家《いえ》に近寄《ちかよ》ることすらできません。二匹《ひき》が無事《ぶじ》なのかどうかわからないまま、元《もと》の小学校《しょうがっこう》に避難《ひなん》していたのです。

この地震《じしん》では、震源地《しんげんち》となった川口町《かわぐちまち》で震度《しんど》七を記録《きろく》したほか、山古志村《やまこしむら》では震度《しんど》六強《きょう》、近隣《きんりん》の市町村《しちょうそん》でも震度《しんど》六に達《たっ》したところが多《おお》く、その揺《ゆ》れは関東地方《かんとうちほう》まで及《およ》んでいました。

最初《さいしょ》の地震《じしん》が起《お》きた二十三日《にち》の夜《よる》は余震《よしん》が収《おさ》まらず、午前《ごぜん》〇時《じ》までの六時間《かん》に震度《しんど》六が三回《かい》、震度《しんど》五が七回《かい》、震度《しんど》四が九回《かい》もありました。一時間《じかん》に何度《なんど》も大《おお》きな揺《ゆ》れがあったことになります。

普通《ふつう》、余震《よしん》は本震《ほんしん》よりも小《ちい》さく、だんだん弱《よわ》くなってくるものです。ところが、このときは、本震《ほんしん》の後《あと》も、それと同《おな》じくらいの規模《きぼ》の余震《よしん》がひっきりなしに起《お》きました。二十三日《にち》と二十四日《よっか》の二日間《ふつかかん》で、体《からだ》に感《かん》じる揺《ゆ》れは、実《じつ》に二百七十四回《ひゃくかい》も記録《きろく》されていました。

専門家《せんもんか》の調《しら》べで、少《すく》なくとも四つの断層《だんそう》が次々《つぎつぎ》と動《うご》いたために本震《ほんしん》なみの大《おお》きな余震《よしん》が起《お》こったこと、そして、このような地震《じしん》は世界《せかい》でも非常《ひじょう》に珍《めずら》しかったことが、後《あと》でわかりました。

2 「全村《ぜんそん》避難《ひなん》」の山古志村《やまこしむら》

十月《がつ》二十五日《にち》。

旧種苧原小学校《きゅうたねすはらしょうがっこう》に避難《ひなん》した翌朝《よくあさ》、山古志村《やまこしむら》の全住民《ぜんじゅうみん》に避難指示《ひなんしじ》が出《だ》されました。

「長岡市《ながおかし》に避難《ひなん》することになりました。今《いま》から一時間後《じかんご》に、自衛隊《じえいたい》のヘリコプターで避難《ひなん》を始《はじ》めます。荷物《にもつ》をまとめて、時間《じかん》までに必《かなら》ずもどって来《き》て下《くだ》さい。全村避難《ぜんそんひなん》が決《き》まりました」

突然《とつぜん》の発表《はっぴょう》にびっくりしながらも、指示《しじ》に従《したが》うよりほかありません。このまま村《むら》に残《のこ》っていたら危険《きけん》だと判断《はんだん》されたため、二千《せん》二百人《ひゃくにん》の村民《そんみん》全員《ぜんいん》の避《ひ》難《なん》が決《き》められたのです。

樺沢《かばさわ》さんの家族《かぞく》は、五人《にん》いっしょに自宅《じたく》にもどりました。

「いいか、一時間《じかん》しかないんだ。余震《よしん》が来《く》るかもしれないから、気《き》をつけないと」

「村《むら》の人《ひと》全員《ぜんいん》が長岡《ながおか》に避難《ひなん》するの？　村《むら》に残《のこ》りたい人《ひと》はどうするの？」

圭介君《けいすけくん》がお父《とう》さんに聞《き》きました。

「種苧原地区《たねすはらちく》はあまり被害《ひがい》がないけれど、ほかの地区《ちく》は家《いえ》が壊《こわ》れた人《ひと》も多《おお》く、住《す》める状態《じょうたい》ではないそうだ。電気《でんき》もガスも水道《すいどう》も止《と》まってしまっては、ここにいても生活《せいかつ》できない。村全体《むらぜんたい》が孤立《こりつ》したままでは、どうすることもできない。とりあえず、今《いま》は、長岡《ながおか》に行《い》くしかないんだよ……」

お父《とう》さんは村《むら》のことを心配《しんぱい》しながらも、家族《かぞく》を守《まも》ることで精一杯《せいいっぱい》です。

家《いえ》の中《なか》は足《あし》の踏《ふ》み場《ば》もないほど、物《もの》が散乱《さんらん》しています。お母《かあ》さんは、貴重品《きちょうひん》やみんなの着替《きが》えをかばんに詰《つ》め込《こ》みました。倒《たお》れたたんすや本棚《ほんだな》をかき分《わ》けながら、身《み》の回《まわ》りの物《もの》だけを手早《てばや》くまとめています。

「ここはお母《かあ》さんがやるから、チボとハルがいないか見《み》て来《き》て！」

お母《かあ》さんに言《い》われて、圭介君《けいすけくん》、恒平君《こうへいくん》、直人君《なおとくん》があわてて外《そと》に出《で》て行《い》きました。

「チボ〜、チボ〜」

「ハル〜、ハル〜」

大声《おおごえ》で呼《よ》びますが、姿《すがた》を見《み》せません。

「どこに行《い》っちゃったんだろう」

「チボ〜〜、ハル〜〜」

荷物《にもつ》を詰《つ》め終《お》わったお母《かあ》さんとお父《とう》さんも、外《そと》に出《で》て来《き》ました。家《いえ》の周《まわ》り、車庫《しゃこ》、畑《はたけ》、隣近所《となりきんじょ》まで……。チボとハルが行《い》きそうなところを、くまなく見《み》て回《まわ》りました。

(時間《じかん》がないのよ。みんな、長岡《ながおか》に行《い》っちゃうのよ。チボ、ハル、早《はや》く出《で》て来《き》て。お願《ねが》い……)

避難《ひなん》する前《まえ》に一目《ひとめ》会《あ》っておきたいと思《おも》ったお母《かあ》さんは、祈《いの》るような気持《きも》ちです。

地震《じしん》の後《あと》、鳴《な》き声《ごえ》すら聞《き》いていません。

「どこかに閉《と》じ込《こ》められたんじゃ……」

「けがをして、動《うご》けないのかも……」

圭介君《けいすけくん》と恒平君《こうへいくん》が、心配《しんぱい》そうに言《い》いました。

「とにかく、エサだけは、いっぱい置《お》いて行《い》かなくちゃ。今《いま》、いないとしても、絶対《ぜったい》、ここにもどってくるはずだから……」

「チボ～、ハル～」

「出《で》ておいで～」

みんな、ありったけの声《こえ》で叫《さけ》びました。


「もう、時間《じかん》がないな。そろそろ行《い》かないと……」

荷物《にもつ》を車《くるま》に積《つ》み込《こ》んだお父《とう》さんが呼《よ》んでいます。エンジンがかかり、子《こ》どもたちは急《いそ》いで車《くるま》に乗《の》りました。お母《かあ》さんも乗《の》り込《こ》もうとしましたが、あきらめきれません。最後《さいご》にもう一度《ど》、家《いえ》のほうを振《ふ》り返《かえ》りました。

「あっ！　いたいた～。チボよ！　見《み》て！」

お母《かあ》さんの叫《さけ》び声《ごえ》に、子《こ》どもたちがびっくりして振《ふ》り返《かえ》りました。

「チボだ！　あっ、後《うし》ろに、ハルもいる！」

「チボもハルも、無事《ぶじ》だったんだ！」

縁《えん》の下《した》の穴《あな》から、ひょっこり顔《かお》を出《だ》しています。最後《さいご》の最後《さいご》に、ようやく、その姿《すがた》を見《み》せてくれたのです。でも、もう時間《じかん》がありません。近所《きんじょ》の人《ひと》は、とっくに集合場所《しゅうごうばしょ》に向《む》かいました。残《のこ》っているのは、五人《にん》だけでした。

「……ごめんね、せっかく出《で》て来《き》てくれたのに、もう、行《い》かなくちゃいけないのよ……。バイバイ、元気《げんき》でね。すぐ迎《むか》えに来《く》るからね。必《かなら》ずもどって来《く》るから、待《ま》っててね」

お母《かあ》さんの目《め》から涙《なみだ》があふれました。

「ねえ、連《つ》れて行《い》こうよ。チボもハルもいっしょに……」

直人君《なおとくん》が後《うし》ろの座席《ざせき》から身《み》を乗《の》り出《だ》して、お父《とう》さんとお母《かあ》さんの顔《かお》をのぞきこんでいます。

「……すぐに、帰《かえ》って来《こ》られるんだから、だいじょうぶよ。エサはいっぱいあるし、二匹《ひき》いっしょだから、だいじょうぶ……」

直人君《なおとくん》の気持《きも》ちがわかるお母《かあ》さんは、自分《じぶん》にも言《い》い聞《き》かせるように言《い》いました。

「待《ま》ってて。ぼくが、連《つ》れて来《く》るよ」

「……猫《ねこ》は、連《つ》れて行《い》けないの。無理《むり》言《い》わないで……」

「やだ～～。チボも連《つ》れて行《い》く～。ハルもいっしょだよ～」

とうとう、直人君《なおとくん》は泣《な》き出《だ》してしまいました。

お兄《にい》ちゃんの圭介君《けいすけくん》と恒平君《こうへいくん》は、何《なに》も言《い》いません。チボとハルを連《つ》れては避難《ひなん》できないことを知《し》っている二人《ふたり》は、口《くち》を一文字《いちもんじ》に結《むす》んで、泣《な》きたくなるのをこらえています。

集合時間《しゅうごうじかん》がせまっています。ハンドルを握《にぎ》ったお父《とう》さんは、車《くるま》を出発《しゅっぱつ》させると、ひびが入《はい》ってでこぼこになった道《みち》を、ゆっくり進《すす》みました。崩《くず》れた山《やま》と崖《がけ》、せき止《と》められた川《かわ》、ずたずたに寸断《すんだん》された道路《どうろ》……変《か》わり果《は》てた村《むら》の

ずたずたに寸断《すんだん》された山古志村《やまこしむら》の道路《どうろ》。

姿《すがた》に、胸《むね》が締《し》めつけられます。

（こんなになるなんて……すぐもどって来《こ》られたらいいのだけれど、これは思《おも》ったより避難《ひなん》生活《せいかつ》が長《なが》くなるかもしれない……）

建設《けんせつ》関係《かんけい》の仕事《しごと》に携《たずさ》わるお父《とう》さんは、被害《ひがい》の様子《ようす》を目《ま》の当《あ》たりにし、村《むら》の復興《ふっこう》はそんなに容易《ようい》ではないと感《かん》じました。

（チボもハルも、元気《げんき》でいるんだぞ。みんな、必《かなら》ずもどって来《く》るからな、待《ま》っていてくれよ）

お父《とう》さんは心《こころ》の中《なか》でつぶやきました。

3　置《お》き去《ざ》りにされた動物《どうぶつ》たち

集合場所《しゅうごうばしょ》となった「スポーツ広場《ひろば》」に、大勢《おおぜい》の人《ひと》が集《あつ》まっています。

自衛隊《じえいたい》のヘリコプター二機《き》が大《おお》きな音《おと》をたてながら、近《ちか》づいてきました。

一度《ど》に四十人《にん》もの人《ひと》が乗《の》れる、大《おお》きなヘリコプターです。

プロペラの風《かぜ》で砂《すな》ぼこりが舞《ま》い上《あ》がり、目《め》を開《あ》けていられません。子《こ》どもやお年寄《としよ》りが隊員《たいいん》に抱《かか》えられて、次々《つぎつぎ》に乗《の》り込《こ》んでいます。一機《き》が飛《と》び立《た》つと、上空《じょうくう》で待《ま》っていた一機《き》が降《お》りて来《き》ます。

次《つぎ》の列《れつ》の中《なか》ほどに、犬《いぬ》を抱《だ》いたおじいさんがいます。不安《ふあん》そうな顔《かお》をして、自分《じぶん》の番《ばん》が来《く》るのを待《ま》っていました。

「この子《こ》も連《つ》れて行《い》きたいんです。どうか、どうかお願《ねが》いします」

目《め》にいっぱい涙《なみだ》をため、何度《なんど》も何度《なんど》も頼《たの》んでいます。

「申《もう》し訳《わけ》ありません。動物《どうぶつ》は連《つ》れていけないことになっています。規則《きそく》なんです」

「どうか、いっしょに避難《ひなん》させてください。もし、だめなら、私《わたし》はここに残《のこ》ります……」

飼《か》い主《ぬし》の気持《きも》ちが痛《いた》いほどわかる新潟県警《にいがたけんけい》の機動隊員《きどうたいいん》は、頭《あたま》を下《さ》げるしかありません。なんとかあきらめてもらうしかないのです。

いたるところで山崩《やまくず》れや地割《じわ》れがあり、道路《どうろ》も寸断《すんだん》されています。大《おお》きな余震《よしん》があったら、ますます危険《きけん》です。雨《あめ》が降《ふ》るという予報《よほう》も出《で》ているため、二次災害《にじさいがい》の危険《きけん》も高《たか》まっています。土砂《どしゃ》が崩《くず》れたところに雨《あめ》が降《ふ》ると、土石流《どせきりゅう》が起《お》きたり、せきとめられた川《かわ》がはんらんしたりするなど、ますます被害《ひがい》が広《ひろ》がってしまうのです。

そんな危険《きけん》がさしせまっている中《なか》、できるだけ短《みじか》い時間《じかん》で、二千人《せんにん》以上《いじょう》の人《ひと》を村《むら》から脱出《だっしゅつ》させせなくてはなりません。このときは、「人命優先《じんめいゆうせん》」が至上《しじょう》命令《めいれい》となっていました。

かわいがっている犬《いぬ》や猫《ねこ》を、置《お》き去《ざ》りにはできないという飼《か》い主《ぬし》の気持《きも》ちは、だれにだってわかります。けれども、「飼《か》い主《ぬし》がかわいそう」「犬《いぬ》があわれ」だからと、いっしょに避難《ひなん》するのを認《みと》めたらどうなるでしょう。

犬《いぬ》や猫《ねこ》をかわいがる飼《か》い主《ぬし》の気持《きも》ちは、みんな同《おな》じです。だれだって、動物《どうぶつ》を連《つ》れて避難《ひなん》したいのです。自分《じぶん》も連《つ》れて来《こ》ようと、みんな家《いえ》までもどってしまうにちがいありません。

このおじいさんの気持《きも》ちは十分《じゅうぶん》わかりましたが、このときは、だれにもどうすることもできませんでした。飼《か》い主《ぬし》たちはみんな、後《うし》ろ髪《がみ》を引《ひ》かれる思《おも》いで、犬《いぬ》や猫《ねこ》を泣《な》く泣《な》く自宅《じたく》に残《のこ》してくるよりほかなかったのです。


四十人《にん》を乗《の》せたヘリコプターが、また飛《と》び立《た》ちました。ヘリコプターから見《み》える村《むら》の様子《ようす》は、目《め》も当《あ》てられないほど、変《か》わり果《は》てています。

「地形《ちけい》もろとも変《か》わってしまった。あんなにきれいだった村《むら》が……」

「すぐに帰《かえ》って来《こ》られるんだろうか……。ひょっとしたら、しばらくは、ここには帰《かえ》れないんじゃないのか……」

疲《つか》れ切《き》った村《むら》の人《ひと》たちの顔《かお》は、ショックと不安《ふあん》でさらに暗《くら》くなりました。こらえきれずに泣《な》く人《ひと》もいました。

犬《いぬ》を連《つ》れて来《く》るのを許《ゆる》されなかったおじいさんが、はじの席《せき》で顔《かお》をおおっています。機動隊員《きどうたいいん》や村役場《むらやくば》の職員《しょくいん》たちに説得《せっとく》されて、置《お》いて来《こ》ざるを得《え》なかったのです。どんなにつらい別《わか》れだったかと思《おも》うと、だれも言葉《ことば》をかけることができません。

村《むら》では家《いえ》の下敷《したじ》きになって命《いのち》を落《お》とした人《ひと》もいます。大《おお》けがをした人《ひと》も大勢《おおぜい》います。人《ひと》の救助《きゅうじょ》で精一杯《せいいっぱい》で、動物《どうぶつ》の命《いのち》にまで考《かん》えをめぐらせるゆとりもなく、「人《ひと》が先《さき》、動物《どうぶつ》は後回《あとまわ》し」とされました。

このおじいさんも、はじめは犬《いぬ》を置《お》いて行《い》こうと思《おも》いました。集合時間《しゅうごうじかん》が近《ちか》づき、犬《いぬ》と別《わか》れなければと思《おも》いましたが、いつもと違《ちが》うおじいさんの様子《ようす》に、犬《いぬ》はすぐにおかしいと気《き》がつきました。

「どこに行《い》くの？　ぼくも、いっしょに行《い》くよ」

「ごめんな。今《いま》、避難《ひなん》できるのは、人《ひと》だけなんだ……ごめん。すぐもどって来《く》るから……」

「どこかに行《い》っちゃうの？　ぼくはどうすればいいの？　お願《ねが》い、いっしょに連《つ》れて行《い》って……」

「すまん、許《ゆる》しておくれ」

「お願《ねが》い。どうして？　どうして、連《つ》れて行《い》ってくれないの？」

おじいさんは、悲《かな》しそうな顔《かお》をする犬《いぬ》と、こんな会話《かいわ》を心《こころ》の中《なか》でしたにちがいありません。

これまで一度《ど》だって、犬《いぬ》をひとりぼっちにしたことはありません。「先《さき》に避難《ひなん》しなさい」と言《い》われても、かわいがってきた犬《いぬ》を置《お》いてきぼりにできるはずがありません。命令《めいれい》だからとか、ほかの人《ひと》に迷惑《めいわく》だからとか言《い》われても、このおじいさんは、あきらめることができませんでした。

この犬《いぬ》は、おじいさんにとって家族《かぞく》です。心《こころ》を通《かよ》わせた、かけがえのない

新潟日報

夕刊

2004年（平成16年）10月25日（月曜日）

山古志 全村避難へ

孤立住民救出が本格化

自衛隊、県警 ヘリで輸送

中越地震

死者25 避難9万8000人

余震続く 早朝に震度5強

最大限の努力指示 泉田知事が初登庁

地元《じもと》新聞《しんぶん》・新潟日報《にいがたにっぽう》が伝《つた》える当時《とうじ》の状況《じょうきょう》。村民《そんみん》は自衛隊《じえいたい》のヘリで避難《ひなん》した。

新潟日報2004年10月25日付
新潟日報社提供

家族《かぞく》なのです。そんな家族《かぞく》を置《お》き去《ざ》りにしなければならないとは、なんとむごいことでしょう。

「ごめんな……ごめんよ……」

ヘリコプターに乗《の》ってからも、おじいさんはずっと泣《な》いていました。ずっと心《こころ》の中《なか》でわびていました。

家《いえ》も壊《こわ》れ、田畑《たはた》も崩《くず》れ、何《なに》もかも失《うしな》った今《いま》、このおじいさんは、犬《いぬ》と離《はな》ればなれになるというつらさに耐《た》えていけるでしょうか。避難先《ひなんさき》で、どのように過《す》ごしていくのでしょうか。

4　飼《か》い主《ぬし》たちの悲《かな》しみ

　山古志村《やまこしむら》の人《ひと》たちは、それぞれ指定《してい》された避難先《ひなんさき》に分《わ》かれ、樺沢《かばさわ》さんの家《か》族《ぞく》は、長岡大手高校《ながおかおおてこうこう》の体育館《たいいくかん》に入《はい》ることになりました。種苧原地区《たねすはらちく》の人《ひと》たちはみんないっしょです。

　最初《さいしょ》は、配《くば》られたおにぎりやパンを分《わ》け合《あ》って食《た》べましたが、救援物資《きゅうえんぶっし》が届《とど》き、自衛隊《じえいたい》の人《ひと》たちが食事《しょくじ》を作《つく》ってくれるようになると、あたたかいご飯《はん》が食《た》べられるようになりました。

「おいしかった。もう、お腹《なか》いっぱいだ」

　直人君《なおとくん》が満足《まんぞく》そうに言《い》いました。

「ぼくたちは、こうして、あったかいご飯《はん》が食《た》べられるけど、チボとハルは、ちゃんと食《た》べているのかなあ」

「食《た》べてるさ。いっぱいエサを置《お》いてきたんだから」

「ほかの犬《いぬ》や猫《ねこ》に全部《ぜんぶ》食《た》べられちゃって、もうなくなっているかも」

「やんちゃなハルはともかく、おかあさんのチボがついているんだから、だいじょうぶだよ」

「そうだよ、心配《しんぱい》ないよ」

圭介君《けいすけくん》と恒平君《こうへいくん》は、弟《おとうと》の直人君《なおとくん》を心配《しんぱい》させないように返事《へんじ》をしました。けれども、二人《ふたり》とも、チボとハルのことはずっと気《き》になっていたのです。

(ほかの猫《ねこ》たちと、けんかするんじゃないよ)

(必《かなら》ず迎《むか》えに行《い》くから、元気《げんき》で待《ま》っているんだよ)

チボとハルの顔《かお》を思《おも》い出《だ》しては、心《こころ》の中《なか》で祈《いの》っていました。

全村避難《ぜんそんひなん》をしてから、四日目《よっかめ》。

村《むら》には飼《か》い主《ぬし》と離《はな》ればなれになった動物《どうぶつ》だけが残《のこ》っています。

全村避難《ぜんそんひなん》が指示《しじ》されたことから、山古志村《やまこしむら》に一般《いっぱん》の人《ひと》が立《た》ち入《い》ることは許《ゆる》されません。自分《じぶん》の犬《いぬ》や猫《ねこ》に会《あ》いたくても、道路《どうろ》は寸断《すんだん》され車《くるま》で入《はい》ることもできず、エサをやることさえできないのです。

飼《か》い主《ぬし》の人《ひと》たちは、置《お》き去《ざ》りにした動物《どうぶつ》のことを思《おも》うと、いても立《た》ってもいられません。

「ほかの犬《いぬ》とけんかしていないだろうか」

「われわれを捜《さが》しに、村中《むらじゅう》かけまわって、地割《じわ》れや土砂《どしゃ》にのみこまれていないだろうか」

「まさか、追《お》いかけて来《き》て、山《やま》を下《お》りようとしているんじゃないだろうか」

「置《お》いてきたエサと水《みず》で、足《た》りているだろうか」

「夜《よる》は、寒《さむ》くないだろうか」

今頃《いまごろ》どうしているのだろうと考《かんが》えると、夜《よる》も眠《ねむ》れないほど心配《しんぱい》です。

「ひとりぼっちにしてごめんね」

「置《お》き去《ざ》りにして、すまん……」

飼《か》い主《ぬし》を捜《さが》して道路脇《どうろわき》をさまよう犬《いぬ》。

「どうか、無事《ぶじ》でいて……」

「必《かなら》ず迎《むか》えに行《い》くから、辛抱《しんぼう》してね」

「なんとか、生《い》きのびてくれ……」

犬《いぬ》の悲《かな》しい遠《とお》ぼえが、かすかに聞《き》こえてくるような気《き》がします。寒《さむ》くて震《ふる》えている猫《ねこ》の姿《すがた》が目《め》に浮《う》かびます。みんな、胸《むね》がはりさけそうになりました。


地震《じしん》の後《あと》、恐《おそ》ろしい余震《よしん》が続《つづ》き、生《い》きた心地《ここち》がしなかった二日間《ふつかかん》。そして、全村避難《ぜんそんひなん》が突然《とつぜん》決《き》まり、せっぱ詰《つ》まった状態《じょうたい》で「ペットは連《つ》れて行《い》けない」と言《い》われ、ほとんどの人《ひと》は、指示《しじ》に従《したが》うほかないとあきらめました。

緊急時《きんきゅうじ》なのだから、自分《じぶん》だけわがままを言《い》うのは許《ゆる》されないと思《おも》いました。人命優先《じんめいゆうせん》が当《あ》たり前《まえ》で、それに背《そむ》くことは大勢《おおぜい》の人《ひと》に迷惑《めいわく》をかけ、大人《おとな》げないことだと、自分《じぶん》に言《い》い聞《き》かせたのです。

「こんなとき、犬《いぬ》にかまっていられるか」「人間《にんげん》が大変《たいへん》なときに、何《なに》を言《い》っているんだ」と言《い》われることを恐《おそ》れ、「いっしょに避難《ひなん》させてほしい」とは、言《い》い出《だ》せませんでした。

けれども、避難所《ひなんじょ》に落《お》ち着《つ》いて時間《じかん》が経《た》つにつれ、取《と》り返《かえ》しのつかないことをしてしまったのではないかと、悔《く》やんでも悔《く》やみきれなくなりました。

村《むら》に残《のこ》っている犬《いぬ》と猫《ねこ》は、まさか、飼《か》い主《ぬし》に置《お》き去《ざ》りにされるなんて、夢《ゆめ》にも思《おも》っていなかったでしょう。指示《しじ》されたとは言《い》え、置《お》き去《ざ》りにしたことは、本当《ほんとう》に仕方《しかた》がなかったのか、どうにかできなかったのかと、飼《か》い主《ぬし》はみんな知《し》らず知《し》らず自分《じぶん》を責《せ》めていました。

「人《ひと》も動物《どうぶつ》も命《いのち》の重《おも》さは同《おな》じなんて言《い》いながら、緊急時《きんきゅうじ》だから人命優先《じんめいゆうせん》とは、矛盾《むじゅん》していないだろうか」

「結局《けっきょく》、人《ひと》が先《さき》、動物《どうぶつ》が後回《あとまわ》しと、優先順位《ゆうせんじゅんい》をつけているんだ。人間《にんげん》が自分《じぶん》勝手《かって》に、都合《つごう》のいいように解釈《かいしゃく》しているんじゃないか」

「人《ひと》に飼《か》われている犬《いぬ》や猫《ねこ》は、飼《か》い主《ぬし》に見放《みはな》されたら生《い》きていけない。それなのに置《お》き去《ざ》りにするなんて、人間《にんげん》として最低《さいてい》のことをしてしまった……」

ペットとして飼《か》われている犬《いぬ》や猫《ねこ》は、野生《やせい》の動物《どうぶつ》と違《ちが》って、自然《しぜん》の中《なか》に放《ほう》り出《だ》されたら、自力《じりき》で生《い》きていくのはむずかしく、飼《か》い主《ぬし》が手放《てばな》すということは、命《いのち》を奪《うば》うことにもなるのです。飼《か》い主《ぬし》の愛情《あいじょう》なしでは生《い》きていけないペットにとって、だれもいない村《むら》に置《お》き去《ざ》りにされること以上《いじょう》に、不幸《ふこう》なことがあるでしょうか。

飼《か》い主《ぬし》の人《ひと》たちの心《こころ》の苦《くる》しみは、ふくれ上《あ》がるばかりです。別《わか》れたときの犬《いぬ》の顔《かお》、悲《かな》しそうな猫《ねこ》の目《め》を思《おも》い出《だ》しては、切《せつ》なくなりました。心《こころ》にぽっかりと穴《あな》があいたようです。

そして、なぜか、ヘリコプターで避難《ひなん》するときの、集合場所《しゅうごうばしょ》に犬《いぬ》を連《つ》れてきたおじいさんの姿《すがた》が思《おも》い出《だ》されました。

「あのおじいさんは、勇気《ゆうき》ある行動《こうどう》をとったと言《い》えるのではないか。なぜ、自分《じぶん》はあのおじいさんのように、ぎりぎりまでがんばれなかったんだろう。飼《か》い主《ぬし》みんなで、その思《おも》いをもっとぶつけてみたら、なんとかできたかもしれない。どうして、自分《じぶん》はそこまでしなかったんだろう……」

「きっと、あのおじいさんは、みんなにどう思《おも》われてもいいと思《おも》ったんだ。犬《いぬ》を連《つ》れて行《い》ったことで、どんな冷《つめ》たい言葉《ことば》を浴《あ》びせられても、どんなに恥《は》ずかしい思《おも》いをしても、犬《いぬ》のためだったらがまんするつもりだったんだ」

「犬《いぬ》をしっかり胸《むね》に抱《だ》きしめたおじいさんは、自分《じぶん》が犬《いぬ》を守《まも》るんだと必死《ひっし》だった。覚悟《かくご》ができていたんだ」

あの時《とき》あの場《ば》で、あえてそのような行動《こうどう》をとったこのおじいさんを、だれが非難《ひなん》できるでしょう。「緊急時《きんきゅうじ》は人命優先《じんめいゆうせん》」と、大声《おおごえ》で言《い》ってはばからないことが、立派《りっぱ》なことなのでしょうか。緊急時《きんきゅうじ》といえども、動物《どうぶつ》の命《いのち》をないがしろにすることに、何《なん》の抵抗《ていこう》も感《かん》じないということはないはずです。

かわいがってきた犬《いぬ》や猫《ねこ》が手元《てもと》にいなくなった今《いま》、目《め》に浮《う》かんでくるのは、いい思《おも》い出《で》ばかりでした。いたずらばかりしていた子犬《こいぬ》のときのこと、いっしょに田《た》んぼのあぜ道《みち》を散歩《さんぽ》したときのこと、家《いえ》に帰《かえ》ると大喜《おおよろこ》びでしっぽを振《ふ》って迎《むか》えてくれたこと……。

日《ひ》なたで幸《しあわ》せそうに寝《ね》そべる猫《ねこ》の姿《すがた》、胸《むね》にだくとゴロゴロのどを鳴《な》らしてくれたこと、足元《あしもと》に体《からだ》をすり寄《よ》せて甘《あま》えてくれたこと、かわいい子猫《こねこ》を産《う》んだときのこと……。

「あんなことがあった」「こんなこともあった」と、次《つぎ》から次《つぎ》へと走馬灯《そうまとう》のように浮《う》かんできます。自分《じぶん》にとって、家族《かぞく》にとって、犬《いぬ》や猫《ねこ》がこんなにも心《こころ》のよりどころであったのだと思《おも》うと、とんでもないことをしてしまったという胸《むね》の痛《いた》みでおしつぶされそうです。

「ごめんな……本当《ほんとう》に、ごめんよ……」

避難所《ひなんじょ》でなかなか寝《ね》つけない夜《よる》、飼《か》い主《ぬし》の人《ひと》たちはそんなことを考《かんが》えては、涙《なみだ》があふれてくるのを止《と》められませんでした。

5　動物《どうぶつ》たちを救《すく》え

新潟県庁《にいがたけんちょう》の生活衛生課《せいかつえいせいか》と新潟県内《にいがたけんない》五ヵ所《しょ》の動物保護管理《どうぶつほごかんり》センターでは、地震《じしん》が起《お》きた次《つぎ》の日《ひ》から、被災《ひさい》した動物《どうぶつ》たちの救援活動《きゅうえんかつどう》を始《はじ》めていました。

県庁《けんちょう》の十三階《かい》にある生活衛生課《せいかつえいせいか》では、課長《かちょう》の上村清隆《かみむらきよたか》さんと、動物愛護《どうぶつあいご》・衛生係長《えいせいかかりちょう》の川上直也《かわかみなおや》さんを中心《ちゅうしん》に、職員《しょくいん》たちが各地《かくち》の動物保護管理《どうぶつほごかんり》センターと連絡《れんらく》を取《と》り合《あ》っています。

「まず緊急《きんきゅう》に必要《ひつよう》なのは、動物《どうぶつ》のエサと水《みず》ですが……」

「水害《すいがい》のときに備蓄《びちく》したエサが、十五トンあります」

三ヵ月前《げつまえ》の七月中旬《がつちゅうじゅん》、新潟県《にいがたけん》では、十五人《にん》もの死者《ししゃ》が出《で》る豪雨《ごうう》にみまわれました。一万三千棟《まんぜんむね》を超《こ》す住宅《じゅうたく》が被害《ひがい》を受《う》け、多《おお》くの人《ひと》が避難《ひなん》した水害《すいがい》があったばかりでした。

動物《どうぶつ》を連《つ》れて避難《ひなん》した人《ひと》も多《おお》く、生活衛生課《せいかつえいせいか》ではすぐに救援体制《きゅうえんたいせい》をとったものの、エサや水《みず》の調達《ちょうたつ》には予想以上《よそういじょう》に時間《じかん》がかかってしまいました。そのとき、今後《こんご》のためにと、エサの一部《いちぶ》を備蓄《びちく》したのです。

「水害《すいがい》のときには、飼《か》い主《ぬし》と離《はな》ればなれになったペットが多《おお》かった……。災害《さいがい》のときに、一番後回《いちばんあとまわ》しにされるのが動物《どうぶつ》なんだ。どうしても、一番弱《いちばんよわ》い立場《たちば》になってしまう。あのときの教訓《きょうくん》を生《い》かさなければ……」

「確認《かくにん》できました。エサ十五トンのほかに、ペットシーツが一万枚《まんまい》、猫《ねこ》のトイレの砂《すな》が二千《せん》リットルあります。それをまず各地《かくち》の動物保護管理《どうぶつほごかんり》センターに配《くば》り、被災者《ひさいしゃ》に届《とど》けられるようにしましょう」

水害《すいがい》で被災《ひさい》した動物《どうぶつ》の救援活動《きゅうえんかつどう》に携《たずさ》わった職員《しょくいん》たちは、あわただしく手配《てはい》を始《はじ》めました。

十月二十五日《がつにち》。生活衛生課《せいかつえいせいか》の職員《しょくいん》たちは、新《あら》たな問題《もんだい》をかかえていました。

「全村避難《ぜんそんひなん》となった山古志村《やまこしむら》に、動物《どうぶつ》だけが置《お》き去《ざ》りにされてしまった。残《のこ》された動物《どうぶつ》は、どれぐらいの数《かず》になるんだろうか」

「現地《げんち》は避難指示《ひなんしじ》が出《で》ているから、飼《か》い主《ぬし》さんやボランティアの人《ひと》たちが村《むら》に入《はい》ることは許《ゆる》されない。われわれが主体《しゅたい》となってやるしかない。取《と》り残《のこ》された動物《どうぶつ》のために、できるかぎりの救援《きゅうえん》をしていかなければ……」

「飼《か》い主《ぬし》さんたちは、泣《な》く泣《な》く置《お》いてくるよりほかなかったんだ。災害《さいがい》で住《す》むところを失《うしな》った人《ひと》たちにとって、ペットを失《うしな》うというストレスは、精神面《せいしんめん》で大《おお》きな痛手《いたで》になる。動物《どうぶつ》たちのために、被災者《ひさいしゃ》のために、一刻《いっこく》も早《はや》く現地《げんち》に入《はい》ろう」

村《むら》に取《と》り残《のこ》された犬《いぬ》や猫《ねこ》の姿《すがた》を想像《そうぞう》すると、職員《しょくいん》たちはいても立《た》ってもいられません。

地震《じしん》から四日目《よっかめ》の十月《がつ》二十七日《にち》。「動物救済仮本部《どうぶつきゅうさいかりほんぶ》」を立《た》ち上《あ》げ、山古志《やまこし》村《むら》に残《のこ》された動物《どうぶつ》の救援活動《きゅうえんかつどう》を始《はじ》めることになりました。

生活衛生課《せいかつえいせいか》の職員《しょくいん》と動物保護管理《どうぶつほごかんり》センターの職員《しょくいん》三、四人《にん》が班《はん》を組《く》み、県《けん》

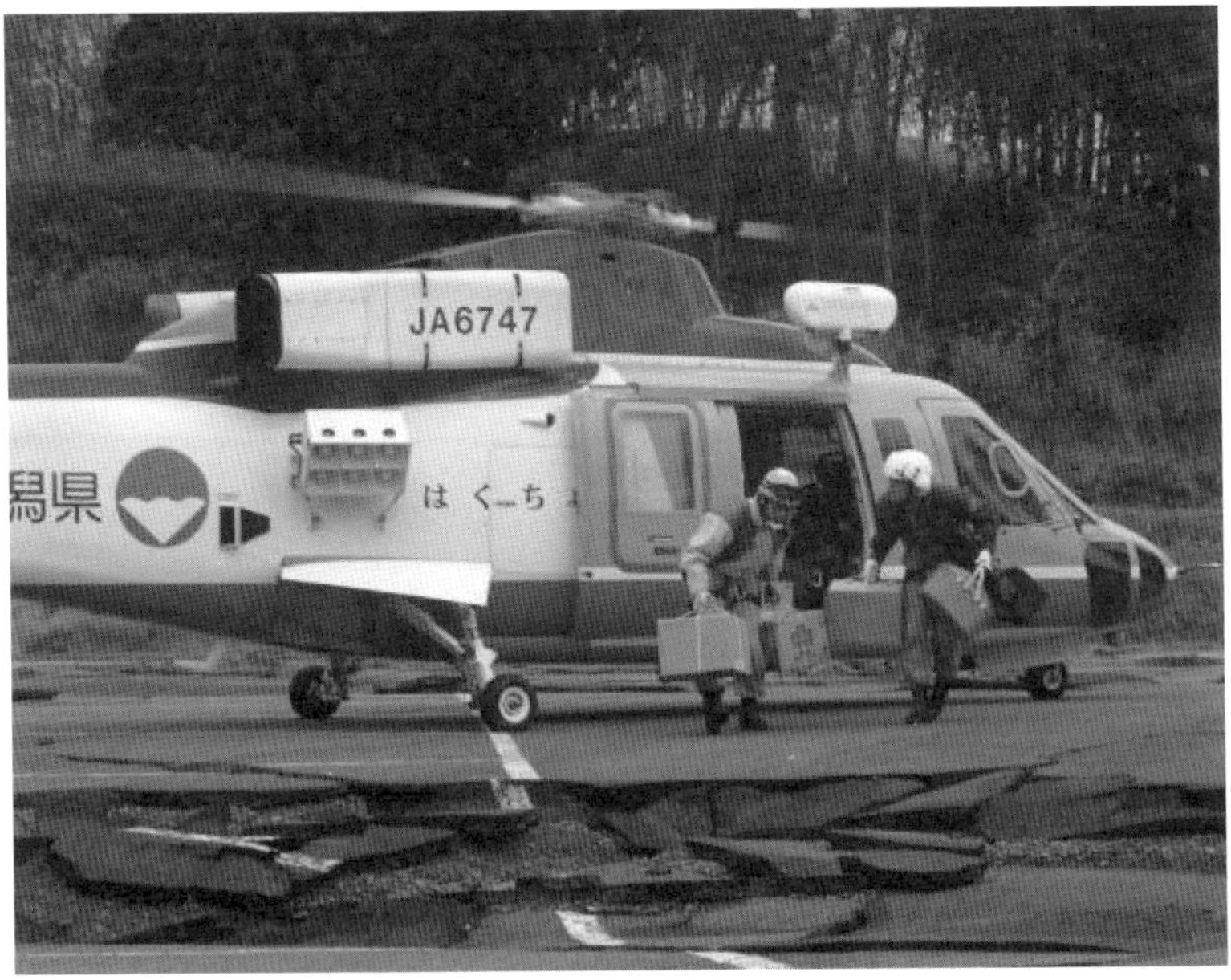

新潟県庁《にいがたけんちょう》のヘリコプター「はくちょう」で物資《ぶっし》が運《はこ》ばれた。

の消防《しょうぼう》防災《ぼうさい》ヘリコプター「はくちょう」に乗《の》り込《こ》みました。エサと水《みず》のほか、猫《ねこ》のトイレの砂《すな》なども積《つ》んでいます。

　道路《どうろ》が寸断《すんだん》され車《くるま》では行《い》けないので、ヘリコプターで向《む》かうしか方法《ほうほう》がありません。平《たい》らな場所《ばしょ》を見《み》つけては着地《ちゃくち》し荷物《にもつ》を降《お》ろしますが、着地《ちゃくち》できないところでは、高《たか》さ一メートルほどのところにとどまってもらい、職員《しょくいん》がヘリコプターから飛《と》び降《お》りなければなりません。

　ヘリコプターを降《お》りてからは、

重《おも》い荷物《にもつ》をかつぎ、道《みち》なき道《みち》を進《すす》みました。亀裂《きれつ》が入《はい》りぱっくりと口《くち》を開《あ》けた道《みち》をよけ、崩《くず》れた土砂《どしゃ》を越《こ》えて、集落《しゅうらく》をめざしました。

家《いえ》がぺしゃんこにつぶれ、電信柱《でんしんばしら》が横倒《よこだお》しになっています。四日前《よっかまえ》まで人《ひと》が住《す》んでいた村《むら》とは思《おも》えないありさまです。

犬《いぬ》がふらふらした足取《あしど》りでさまよっているのが見《み》えました。飼《か》い主《ぬし》を追《お》い求《もと》めて、村中《むらじゅう》を捜《さが》し回《まわ》っているのでしょうか。

さかんにほえる犬《いぬ》もいます。見知《みし》らぬ人《ひと》を見《み》て、警戒《けいかい》しているのです。逃《に》げて行《い》く猫《ねこ》、物陰《ものかげ》に隠《かく》れる猫《ねこ》もいます。突然《とつぜん》あらわれた職員《しょくいん》の姿《すがた》に、おびえているのです。

「おいで、おいで。こわがらなくていいんだよ。エサを持《も》って来《き》たんだよ」

職員《しょくいん》の木田伸一《きだしんいち》さんと熊倉昌男《くまくらまさお》さんが、洗面器《せんめんき》にエサを入《い》れました。離《はな》れたところから様子《ようす》をうかがっていた猫《ねこ》が、エサのにおいにつられたのか、恐《おそ》る恐《おそ》る近《ちか》づいて来《き》ました。

「おなか、すいてるだろう。いっぱい、食《た》べな」

「ほら、水《みず》もあるよ。のど、かわいただろう……」

エサのにおいをかぐと、ガツガツ食《た》べ始《はじ》めました。

無心《むしん》に食《た》べる猫《ねこ》を見《み》て、木田《きだ》さんも熊倉《くまくら》さんも、ほっと胸《むね》をなでおろしました。自分《じぶん》たちがやるエサを食《た》べてくれさえすれば、飼《か》い主《ぬし》がもどって来《く》るまで待《ま》てるのではないかと思《おも》ったからです。

「いっぱい食《た》べて、元気《げんき》になろうな」

「飼《か》い主《ぬし》さんは必《かなら》ずもどってくるからな」

一匹《ぴき》一匹《ぴき》に、はげますように声《こえ》をかけます。

「じゃあ、行《い》くよ。また来《く》るからね」

時間《じかん》は限《かぎ》られています。次《つぎ》の場所《ばしょ》に向《む》かいました。

突然《とつぜん》、一匹《ぴき》の犬《いぬ》が目《め》の前《まえ》に飛《と》び出《だ》してきました。もしかしたら、知《し》っている人《ひと》だと思《おも》ったのでしょうか。不安《ふあん》そうな目《め》で見上《みあ》げていますが、しばらくすると、そばまで寄《よ》ってきました。

「どうした？　ほら、エサを持《も》って来《き》たんだ。こわがらなくていいんだよ。お腹《なか》いっぱい食《た》べるんだぞ」

「クーン、クーン……」

悲《かな》しげな声《こえ》です。

「さびしかったか。そうか、そうだよな……。でもな、飼《か》い主《ぬし》さんだってさびしい思《おも》いをしているんだ……わかるよな。しっかり、留守番《るすばん》しているんだぞ。いい子《こ》だね。ようし、よし……」

なでていた手《て》を放《はな》して立《た》ち上《あ》がろうとすると、犬《いぬ》はつぶらな目《め》を向《む》けました。その目《め》は、「もう、行《い》っちゃうの？」と訴《うった》えているかのようです。

人《ひと》なつっこく、その甘《あま》える姿《すがた》に、このまま置《お》いていくのがふびんでなりません。

（ごめんな。飼《か》い主《ぬし》さんたちはいっしょに避難《ひなん》したかったんだよ。でも、あきらめるよりほかなかった……つらくて、悲《かな》しくて、やりきれない思《おも》いでい

悲《かな》しげな顔《かお》で近《ちか》づいてきた犬《いぬ》の健康状態《けんこうじょうたい》を確認《かくにん》する職員《しょくいん》。

るはずだよ……本当《ほんとう》に、ごめんよ）

村《むら》に置《お》き去《ざ》りにされるという、つらい目《め》にあったのに、人《ひと》を信《しん》じて疑《うたが》わない犬《いぬ》のそのまなざしに、心《こころ》の中《なか》でわびるしかありません。

その犬《いぬ》は、さびしそうに、またトボトボと歩《ある》いて行《い》きました。頭《あたま》の中《なか》には、飼《か》い主《ぬし》を捜《さが》すことしかないのです。

「われわれの前《まえ》に姿《すがた》を見《み》せてくれる人《ひと》なつっこい犬《いぬ》や猫《ねこ》はだいじょうぶだ。問題《もんだい》は、おびえて逃《に》げてしまったり、エサも食《た》べられない動物《どうぶつ》をどうするかだ……」

「置《お》き去《ざ》りにされたことで人間不信《にんげんふしん》になったり、飼《か》い主《ぬし》がいなくなったショックで病気《びょうき》になったりする動物《どうぶつ》も出《で》てくる……。そんな動物《どうぶつ》をどうやって救《すく》っていけばいいのか……」

問題《もんだい》は山積《やまづ》みですが、できることからやっていくしかありません。山《やま》あいの村《むら》は、日《ひ》が暮《く》れるのも早《はや》く、一日《にち》に回《まわ》れるところは限《かぎ》られてしまいます。ヘリコプターが迎《むか》えに来《く》る時間《じかん》が迫《せま》っています。時々《ときどき》、地面《じめん》の下《した》でとどろくような音《おと》がし、余震《よしん》が襲《おそ》って来《き》ます。もし大《おお》きな余震《よしん》があったり、ヘリコプターが緊急《きんきゅう》にどこかに出動《しゅつどう》したりした場合《ばあい》、迎《むか》えに来《こ》られなくなることも考《かんが》えられます。職員《しょくいん》たちは万《まん》が一《いち》の場合《ばあい》に備《そな》えて、泊《と》まり込《こ》みができる装備《そうび》をして、村《むら》に入《はい》っていました。

県《けん》の職員《しょくいん》たちは、残《のこ》されたペットにエサを届《とど》けたり、ペットがけがをしていないか調《しら》べたりするため、来《く》る日《ひ》も来《く》る日《ひ》もヘリコプターで現地《げんち》に向《む》かいました。

警戒《けいかい》して近《ちか》づこうとしなかった犬《いぬ》や猫《ねこ》も、だんだんなれてきました。エサを運《はこ》んでくれる人《ひと》だとわかったのか、ほえたり逃《に》げたりしなくなりました。飼《か》い主《ぬし》がいなくなった今《いま》、頼《たよ》れるのは、エサを運《はこ》んでくれる職員《しょくいん》だけなのです。

川上《かわかみ》さんと熊倉《くまくら》さんがエサを洗面器《せんめんき》に入《い》れ、猫《ねこ》のトイレの砂《すな》をきれいにしていると、どこからともなく、猫《ねこ》が集《あつ》まってきました。

「やあ、元気《げんき》だったか。ほうら、新《あたら》しいエサだよ。けんかしないで食《た》べるんだぞ」

「ここは、前《まえ》に置《お》いていったエサが、ほとんどなくなっている。トイレの砂《すな》も、ちゃんと使《つか》われているね」

最初《さいしょ》に来《き》たとき、玄関《げんかん》の戸《と》が少《すこ》し開《あ》いたままだったので、飼《か》い主《ぬし》が猫《ねこ》のために開《あ》けて行《い》ったのだと思《おも》い、エサをたくさん置《お》いていった場所《ばしょ》です。

「おやおや、ネズミの死骸《しがい》があるよ。猫《ねこ》が持《も》ってきたんだね。飼《か》い主《ぬし》さんに見《み》せたくて、ここに置《お》いてあるんだろうね」

玄関《げんかん》の靴箱《くつばこ》の上《うえ》にあるネズミの死骸《しがい》は、まさしく、猫《ねこ》がいるという証拠《しょうこ》。

「自分《じぶん》はここにいるよ」と、飼《か》い主《ぬし》に伝《つた》えたかったのでしょうか。

職員《しょくいん》たちは、避難所《ひなんじょ》でつらい日々《ひび》を過《す》ごしている飼《か》い主《ぬし》の代《か》わりに、できる限《かぎ》りのことをしてやりたいと思《おも》いました。そして、この猫《ねこ》たちを、一日《にち》も早《はや》く飼《か》い主《ぬし》に会《あ》わせてやりたいと、願《ねが》わずにはいられませんでした。

「人《ひと》の命《いのち》も大事《だいじ》だけれど、動物《どうぶつ》の命《いのち》だって大事《だいじ》にしなくてはいけない。いろいろなことで、人間《にんげん》は動物《どうぶつ》たちに助《たす》けられているんだから……」

日頃《ひごろ》、行政《ぎょうせい》の担当者《たんとうしゃ》として、人間《にんげん》と動物《どうぶつ》の関《かか》わりや動物《どうぶつ》の福祉《ふくし》などについても考《かんが》えることの多《おお》い生活衛生課《せいかつえいせいか》の職員《しょくいん》たちは、被災《ひさい》した動物《どうぶつ》たちをどのように救《すく》っていくべきか、あれこれと考《かんが》えをめぐらせていました。

余震《よしん》が続《つづ》く山古志村《やまこしむら》に、仕事《しごと》とは言《い》え、職員《しょくいん》たちは危険《きけん》を覚悟《かくご》の上《うえ》で、足《あし》を運《はこ》んでいました。それは、置《お》き去《ざ》りにせざるを得《え》なかった飼《か》い主《ぬし》の気持《きも》ちがわかるからであり、また、取《と》り残《のこ》された動物《どうぶつ》たちの姿《すがた》を目《ま》の当《あ》たりにした人間《にんげん》としての責任《せきにん》を感《かん》じていたからです。

職員《しょくいん》の中《なか》には、自分《じぶん》の家《いえ》が壊《こわ》れたり家族《かぞく》がけがをしたりと、被災《ひさい》した人《ひと》も多《おお》くいました。けれども、突然《とつぜん》の地震《じしん》で引《ひ》き裂《さ》かれてしまった人《ひと》と動物《どうぶつ》の絆《きずな》を支《ささ》え、なんとかして守《まも》らなければと、だれもが必死《ひっし》になっていました。

残《のこ》された猫《ねこ》を抱《だ》っこする新潟県庁《にいがたけんちょう》の職員《しょくいん》。

6　チボとハルはどこへ

十月《がつ》三十日《にち》。

避難所《ひなんじょ》に来《き》てから五日《いつか》が過《す》ぎました。

「ねえ、いつ、おうちに帰《かえ》れるの？」

直人君《なおとくん》がお父《とう》さんとお母《かあ》さんに聞《き》きました。

自衛隊《じえいたい》のヘリコプターで避難《ひなん》したときは、「三日《みっか》くらいかな。長《なが》くても、一週間《しゅうかん》ほどで村《むら》に帰《かえ》れるのでは」と、だれもが信《しん》じて疑《うたが》いませんでした。子《こ》どもたちにも、そう言《い》っていたのです。

けれども、村《むら》の状況《じょうきょう》がわかるにつれ、一週間《しゅうかん》どころか、一ヵ月後《げつご》になるのか、年内《ねんない》に帰《かえ》れるかどうかもはっきりしません。

「仮設住宅《かせつじゅうたく》の建設《けんせつ》が始《はじ》まったそうよ」

「それじゃあ、まだまだ帰《かえ》れないということだなあ。これから雪《ゆき》が積《つ》もったら、復旧作業《ふっきゅうさぎょう》は進《すす》まなくなるし……。困《こま》ったな……」

「すぐに帰《かえ》れると思《おも》ったのに……。学校《がっこう》は、どうなるの？」

お父《とう》さんとお母《かあ》さんにとって、また子《こ》どもたちにとって、一番気《いちばんき》がかりなことは、「いつ村《むら》に帰《かえ》れるか」「学校《がっこう》はどうなるか」ということでした。

この日《ひ》は、自宅《じたく》に残《のこ》した荷物《にもつ》を取《と》りに、お父《とう》さんとお母《かあ》さんが村《むら》に一時帰《いちじき》宅《たく》できることになっていました。

「じゃあ、とにかく行《い》ってくるよ。圭介《けいすけ》、頼《たの》んだよ。避難所《ひなんじょ》の人《ひと》たちに迷惑《めいわく》をかけないように」

帰宅《きたく》できるのは二時間《じかん》だけで、それも、各家庭《かくかてい》から一人《ひとり》だけと決《き》められていました。お母《かあ》さんは樺沢家《かばさわけ》を代表《だいひょう》して、そして、お父《とう》さんは、おじいちゃんとおばあちゃんに頼《たの》まれて、実家《じっか》の荷物《にもつ》を取《と》りに行《い》きます。

「お母《かあ》さん、チボとハル、ちゃんと捜《さが》して来《き》てね」

「縁《えん》の下《した》だよ。きっと、そこに隠《かく》れているはずだから」

子《こ》どもたちは、お父《とう》さんとお母《かあ》さんに、チボとハルを捜《さが》してくれるよう頼《たの》みました。


「チボ〜、ハル〜」

荷物《にもつ》のとりまとめは、そんなに時間《じかん》はかかりませんでした。「チボとハルを捜《さが》して」と、子《こ》どもたちから頼《たの》まれたお母《かあ》さんは、荷物《にもつ》よりも二匹《ひき》のことで頭《あたま》がいっぱいでした。

「避難《ひなん》するときに、この穴《あな》から顔《かお》を出《だ》していたのよ。でも、もう、ここにはいないみたい。どこに行《い》ったのかな……」

「おれは、畑《はたけ》のほうを見《み》てくるよ」

「じゃあ、私《わたし》は、車庫《しゃこ》の中《なか》を捜《さが》してくるわ」

「ハル〜〜、ハル〜〜」

「チボ〜〜、チボ〜〜」

地震《じしん》が起《お》きる前《まえ》のチボ。

「どこにいるの〜。帰《かえ》って来《き》たよ〜〜」

お父《とう》さんもお母《かあ》さんも、ありったけの声《こえ》を出《だ》して呼《よ》んでいます。でも、チボとハルは姿《すがた》を見《み》せません。

「見《み》て、エサはちゃんと食《た》べているのよ。でも、うちで置《お》いていったのと違《ちが》うエサ……きっと、県《けん》の職員《しょくいん》さんが置《お》いていってくれたのよ。じゃあ、ちゃんと食《た》べているってことよね。元気《げんき》だってことよね」

「う〜ん、そうだといいんだけれ

ど……。ほかの犬《いぬ》や猫《ねこ》が来《き》て食《た》べたのかもしれないし、カラスかもしれない。この辺《へん》は、タヌキだって出《で》て来《く》るしなあ……」

「こんなに捜《さが》してもいないなんて……どこに行《い》っちゃったの……」

お母《かあ》さんは、避難《ひなん》するときに見《み》たチボとハルの姿《すがた》を思《おも》い出《だ》しました。縁《えん》の下《した》の穴《あな》からチボが顔《かお》を出《だ》し、その後《うし》ろに、確《たし》かにハルの顔《かお》も見《み》えたのです。

車《くるま》の窓越《まどご》しに最後《さいご》に見《み》たチボのさびしそうな姿《すがた》、「みんな、どこに行《い》っちゃうの」とでも言《い》いたそうなハルの悲《かな》しそうな顔《かお》が、目《め》に焼《や》きついて離《はな》れません。

（ごめんね、置《お》いてきぼりにしちゃって……。ごめんね、さびしい思《おも》いをさせちゃって……）

お母《かあ》さんは、取《と》り残《のこ》されたチボとハルの気持《きも》ちを思《おも》うと、いたたまれなくなりました。

「ものすごい揺《ゆ》れだったからなあ。われわれは地震《じしん》だとわかるけど、犬《いぬ》や猫《ねこ》にとっては正体不明《しょうたいふめい》のもの。何《なに》が起《お》きたのか知《し》るすべもない。突然《とつぜん》、聞《き》いたこともない不気味《ぶきみ》な音《おと》がして、地面《じめん》が揺《ゆ》れたり割《わ》れたり、上《うえ》からいろんな物《もの》が落《お》ちて来《く》る……チボとハルは、どんなにこわかったか……」

「チボは雷《かみなり》もこわがるから、あの地震《じしん》の音《おと》は、ものすごくこわかったはずよ。それなのに、突然《とつぜん》、みんな、いなくなっちゃったんだもんね……」

「ここは、あぶないと察知《さっち》して、どこかに逃《に》げたんだろうか。家《いえ》の周《まわ》りにはいないみたいだ。だいじょうぶだろうか……」

結局《けっきょく》、二時間《じかん》はあっという間《ま》に過《す》ぎてしまいました。集合場所《しゅうごうばしょ》へもどらなければなりません。

「子《こ》どもたちに何《なん》て言《い》えばいいの……みんな、がっかりするわね……」

お母《かあ》さんはあきらめきれず、もしかしたらと、何度《なんど》も何度《なんど》も、家《いえ》のほうを振《ふ》り返《かえ》りました。

7　ふるさとの姿《すがた》を見《み》つめて

「さあ、そろそろ消灯《しょうとう》の時間《じかん》よ。片付《かたづ》けて」

「えっ、もう寝《ね》るの？　まだ早《はや》いよ～」

お母《かあ》さんが声《こえ》をかけると、圭介《けいすけ》君《くん》と恒平《こうへい》君《くん》は、不満《ふまん》そうに返事《へんじ》をしました。避難所《ひなんじょ》となっている長岡《ながおか》大手《おおて》高校《こうこう》の体育館《たいいくかん》では、夜《よる》の九時《じ》になったら電気《でんき》が消《け》されます。小《ちい》さな子《こ》どもからお年寄《としよ》りまで、さまざまな人《ひと》がいる避難生《ひなんせい》活《かつ》では、決《き》められたルールを守《まも》らなければなりません。

三百人《びゃくにん》以上《いじょう》の人《ひと》が寝泊《ねと》まりしての共同《きょうどう》生活《せいかつ》。子《こ》どもたち三人《にん》で一畳《じょう》ほどのスペースしかなく、とても窮屈《きゅうくつ》です。眠《ねむ》ろうとしても、近《ちか》くの人《ひと》の寝息《ねいき》が聞《き》こえ、話《はな》し声《ごえ》やトイレに立《た》つ人《ひと》の音《おと》も気《き》になります。周《まわ》りにいつも人《ひと》がいて、落《お》ち着《つ》かない毎日《まいにち》です。

「勉強《べんきょう》、きらいだったけど、なんだか、やる気《き》が出《で》てきたよ」

避難所《ひなんじょ》で時間《じかん》を持《も》てあましていた子《こ》どもたちから、ようやく元気《げんき》な声《こえ》が聞《き》こえてきました。地震《じしん》から一週間後《しゅうかんご》、避難所《ひなんじょ》となった長岡大手高校《ながおかおおてこうこう》の空《あ》いている教室《きょうしつ》で、仮授業《かりじゅぎょう》が行《おこ》なわれることになったのです。救援物資《きゅうえんぶっし》から配《くば》られたノートや文房具《ぶんぼうぐ》に、子《こ》どもたちは目《め》を輝《かがや》かせました。

日中《にっちゅう》、大人《おとな》たちは、救援物資《きゅうえんぶっし》の整理《せいり》の手伝《てつだ》いをしたり、そうじや洗《せん》たくをしたりと、共同《きょうどう》で暮《く》らすための作業《さぎょう》がたくさんありました。授業《じゅぎょう》が始《はじ》まったことで、ようやく子《こ》どもたちの表情《ひょうじょう》も生《い》き生《い》きしてきました。休校《きゅうこう》となっていた近隣《きんりん》の市町村《しちょうそん》でも、次々《つぎつぎ》に学校《がっこう》が再開《さいかい》され、子《こ》どもたちは元気《げんき》に登校《とうこう》しました。

そして、それから一週間後《しゅうかんご》。山古志村《やまこしむら》の小学生《しょうがくせい》八十六人《にん》は長岡市《ながおかし》の坂之上《さかのうえ》小学校《しょうがっこう》に、中学生《ちゅうがくせい》三十八人《にん》は長岡南中《ながおかみなみちゅう》に間借《まが》りして、授業《じゅぎょう》が受《う》けられるようになりました。

「元気《げんき》だった？　どこの避難所《ひなんじょ》にいるの？」

「ようやく会《あ》えたね。よかった……」

別《べつ》の避難所《ひなんじょ》にいた子《こ》どもたちも、この日《ひ》からいっしょに勉強《べんきょう》ができます。元《もと》のクラスメートや友《とも》だちといっしょになれて、どんなにうれしかったことでしょう。子《こ》どもたちの笑顔《えがお》に、先生《せんせい》たちもはりきっていました。


学校《がっこう》が始《はじ》まってまもなく、子《こ》どもたちが自衛隊《じえいたい》のヘリコプターに乗《の》せてもらって、上空《じょうくう》から村《むら》の様子《ようす》を見《み》ることになりました。

「次世代《じせだい》を担《にな》う子《こ》どもたちの目《め》にも、村《むら》の今《いま》の姿《すがた》を焼《や》きつけてもらいたい。そして、『村《むら》に帰《かえ》るんだ』という思《おも》いを、大人《おとな》といっしょに持《も》ってほしい」

悲惨《ひさん》な状態《じょうたい》の村《むら》を見《み》せるかどうか悩《なや》んだ山古志村《やまこしむら》の長島忠美村長《ながしまただよしそんちょう》が、考《かんが》えに考《かんが》えた末《すえ》に決《き》めたことです。

山古志村《やまこしむら》は次《つぎ》の年《とし》の四月《がつ》に、長岡市《ながおかし》に合併《がっぺい》されることが決《き》まっていました。

山《やま》が崩《くず》れ、家《いえ》が壊《こわ》れ、変《か》わり果《は》てた集落《しゅうらく》。山古志村《やまこしむら》は廃墟《はいきょ》と化《か》した（上の写真）
川《かわ》が土砂《どしゃ》でせきとめられ、あふれ出《で》た水《みず》がたまってできた泥水《どろみず》の湖《みずうみ》に沈《しず》んだ家《いえ》（下の写

合併《がっぺい》に向《む》けて準備《じゅんび》が進《すす》められている中《なか》で起《お》こった中越地震《ちゅうえつじしん》。最後《さいご》の村長《そんちょう》として、次《つぎ》の世代《せだい》の子《こ》どもたちを思《おも》いやり、村《むら》の将来《しょうらい》に希望《きぼう》を持《も》ってほしいと強《つよ》く願《ねが》っていました。

子《こ》どもたちは、避難《ひなん》して来《く》るときにもヘリコプターに乗《の》りましたが、そのときは、ゆっくり村《むら》を見《み》る気持《きも》ちのゆとりもありませんでした。この日《ひ》は、先生《せんせい》と友《とも》だち、そしてお父《とう》さんやお母《かあ》さんといっしょに、「村《むら》の姿《すがた》をしっかり見《み》て来《こ》よう」と思《おも》っていました。

「うわぁ、山《やま》が崩《くず》れている」

「見《み》て、学校《がっこう》の校庭《こうてい》にも、ひびが入《はい》っているよ……」

「あんなにきれいだった村《むら》が……」

目《め》に入《はい》る村《むら》のどこもかしこも、崩《くず》れています。むき出《だ》しの土《つち》で、山《やま》が赤茶色《あかちゃいろ》です。家《いえ》がぺしゃんこにつぶれ、道路《どうろ》がずたずたに寸断《すんだん》されています。

山古志村《やまこしむら》は、子《こ》どもたちが生《う》まれた美《うつく》しい山《やま》あいの村《むら》。先祖代々《せんぞだいだい》守《まも》ってきた棚田《たなだ》（山《やま》や丘《おか》の傾斜地《けいしゃち》に階段《かいだん》のように作《つく》った田《た》んぼ）が、あちこちで崩《くず》れ落《お》ちています。何十年《なんじゅうねん》も、いいえ、何百年《なんびゃくねん》もかけて作《つく》られてきた棚田《たなだ》が、形《かたち》すらとどめていません。そのありさまに、だれもが息《いき》をのみました。

（お父《とう》さん、今《いま》、どのへんで仕事《しごと》しているんだろう）

恒平君《こうへいくん》は、土砂《どしゃ》で埋《う》まった羽黒《はぐろ》トンネルの工事現場《こうじげんば》を見下《みお》ろしていました。お父《とう》さんは、山古志村《やまこしむら》の道路《どうろ》の復旧作業《ふっきゅうさぎょう》に忙《いそが》しく、朝早《あさはや》くから仕事《しごと》をしています。

（お父《とう》さん、大変《たいへん》な仕事《しごと》をしているんだな……）

道路《どうろ》の復旧《ふっきゅう》、そして、村《むら》の復興《ふっこう》には、どれだけの時間《じかん》がかかるのでしょう。元通《もとどお》りになるのかどうか心配《しんぱい》せずにはいられません。

（チボとハルは、どこにいるのかなあ……）

直人君《なおとくん》は、空《そら》からチボとハルを捜《さが》しています。小《ち》さな動物《どうぶつ》が見《み》える距離《きょり》ではありませんが、この村《むら》のどこかにいるはずだと思《おも》うと、目《め》をこらしてしまいます。

圭介君《けいすけくん》は、村《むら》の変《か》わりようを目《め》で追《お》いながら、置《お》き去《ざ》りにされた動物《どうぶつ》たちのことを考《かんが》えていました。

（昼間《ひるま》は工事現場《こうじげんば》で働《はたら》く人《ひと》たちがいる。けれども、夜《よる》になると、人《ひと》っ子《こ》ひとりいない真《ま》っ暗闇《くらやみ》。でも、置《お》き去《ざ》りにされた犬《いぬ》と猫《ねこ》は、人《ひと》の気配《けはい》のない村《むら》で、必死《ひっし》に生《い》きているんだ。ぼくたちが迎《むか》えにくるのを信《しん》じて、確《たし》かにここにいるんだ。チボもハルも、この村《むら》のどこかにいるんだ……）

圭介君《けいすけくん》は、村《むら》に置《お》き去《ざ》りにされた犬《いぬ》や猫《ねこ》が、このヘリコプターを見上《みあ》げているような気《き》がしてなりません。

「ぼくたち、どうして、助《たす》けてもらえないの？」

「いつ、迎《むか》えに来《き》てくれるの？　早《はや》くもどってきて……」

そんな動物《どうぶつ》たちの声《こえ》が伝《つた》わってきます。動物《どうぶつ》たちの悲《かな》しい叫《さけ》びに思《おも》いをはせると、圭介君《けいすけくん》は鼻《はな》の奥《おく》がつんと痛《いた》くなりました。

8　動物《どうぶつ》たちの居場所《いばしょ》

山古志村《やまこしむら》の人《ひと》たちは、長岡市内《ながおかしない》の三《みっ》つの避難所《ひなんじょ》に身《み》を寄《よ》せていましたが、近隣《きんりん》の川口町《かわぐちまち》、小千谷市《おぢやし》、十日町市《とおかまちし》などでも、多《おお》くの人《ひと》が避難所《ひなんじょ》に入《はい》っていました。

「家《いえ》が住《す》める状態《じょうたい》ではない」

「余震《よしん》がこわくて、家《いえ》には入《はい》れない」

「家族《かぞく》だけでいるのは心配《しんぱい》だ」

地震直後《じしんちょくご》は、家《いえ》が壊《こわ》れた人《ひと》だけではなく、ひっきりなしに襲《おそ》う余震《よしん》がこわくて、避難所《ひなんじょ》に身《み》を寄《よ》せる人《ひと》が多《おお》かったのです。

避難先《ひなんさき》は学校《がっこう》の体育館《たいいくかん》のほか、河川敷《かせんじき》や校庭《こうてい》に作《つく》られたテント、道路脇《どうろわき》に立《た》てられたテント、ビニールハウスなどで、多《おお》いときには十万人《まんにん》にも達《たっ》していました。

余震《よしん》が続《つづ》き、家《いえ》に帰《かえ》れる見通《みとお》しも立《た》たない中《なか》、「これからどうなるんだろう」「どうすればいいんだろう」と、先行《さきゆ》きを不安《ふあん》に思《おも》いながら、仮《かり》の場所《ばしょ》で過《す》ごすしかありませんでした。

また、学校《がっこう》のグラウンドやスーパーマーケットの駐車場《ちゅうしゃじょう》などに、車《くるま》で避難《ひなん》した人《ひと》も大勢《おおぜい》いました。赤《あか》ちゃんがいる人《ひと》、犬《いぬ》や猫《ねこ》のペットを飼《か》っている人《ひと》たちが、避難所《ひなんじょ》に入《はい》るのを遠慮《えんりょ》して、車《くるま》の中《なか》で過《す》ごしていたのです。

避難所《ひなんじょ》によっては、動物《どうぶつ》を連《つ》れて入《はい》れるところもありました。けれども、犬《いぬ》や猫《ねこ》を連《つ》れて避難所《ひなんじょ》に向《む》かっても、体育館《たいいくかん》に人《ひと》があふれているのを見《み》て、あきらめた飼《か》い主《ぬし》が多《おお》かったのです。

「避難所《ひなんじょ》に入《はい》りたいのはやまやまだけれど、犬《いぬ》がいっしょだと、みんなに迷惑《めいわく》がかかる」

「うちの犬《いぬ》は鳴《な》き声《ごえ》がうるさいので、大勢《おおぜい》の人《ひと》がいるところには、とても連《つ》れて行《い》けない」

「避難所《ひなんじょ》でトラブルが起《お》きるのを心配《しんぱい》して過《す》ごすより、車《くるま》にいるほうが、ましだよ」

小《ちい》さい子《こ》どもからお年寄《としよ》りまで、たくさんの人《ひと》がいる避難所《ひなんじょ》では、動物《どうぶつ》を連《つ》れているだけで、肩身《かたみ》のせまい思《おも》いをしなければなりません。人《ひと》と荷物《にもつ》で、足《あし》の踏《ふ》み場《ば》もない避難所《ひなんじょ》に、動物《どうぶつ》を連《つ》れて行《い》けるはずがありませんでした。

車《くるま》の中《なか》で窮屈《きゅうくつ》な思《おも》いをしつつも、ペットと寄《よ》り添《そ》って、被災《ひさい》の苦《くる》しみを乗《の》りこえようという家族《かぞく》もいました。けれども、車《くるま》の中《なか》で何日《なんにち》も寝《ね》泊《と》まりした人《ひと》の中《なか》に、エコノミー症候群《しょうこうぐん》という病気《びょうき》にかかって、命《いのち》を落《お》としてしまう人《ひと》が相次《あいつ》いで出《で》るようになりました。

この病気《びょうき》は、飛行機《ひこうき》のエコノミークラスの、せまい座席《ざせき》にすわった乗客《じょうきゃく》がかかることが多《おお》かったため、この名前《なまえ》で知《し》られています。長《なが》い時間《じかん》、窮屈《きゅうくつ》な姿勢《しせい》を続《つづ》け、血液《けつえき》の巡《めぐ》りが悪《わる》くなることが原因《げんいん》です。

せまい車《くるま》にペットを乗《の》せると、ますます身動《みうご》きがとれなくなります。それでも、がまんをして、一日《にち》の大半《たいはん》を車《くるま》で過《す》ごさざるを得《え》ない人《ひと》が多《おお》かったのです。

中《なか》には、あまり迷惑《めいわく》がかからないだろうと、小型犬《こがたけん》や猫《ねこ》を避難所《ひなんじょ》に連《つ》れて行《い》った人《ひと》もいました。けれども、時間《じかん》が経《た》つにつれ、周《まわ》りの人《ひと》たちから苦情《くじょう》が出《で》てきました。

「鳴《な》き声《ごえ》が気《き》になる」

「動物《どうぶつ》アレルギーの人《ひと》もいるし、赤《あか》ちゃんからお年寄《としよ》りまでたくさんの人《ひと》がいるところに、動物《どうぶつ》だなんて……非常識《ひじょうしき》ではないか」

「動物《どうぶつ》が苦手《にがて》な人《ひと》もいることを考《かんが》えてくれ」

「自分《じぶん》たちは何《なん》とも思《おも》わないだろうが、動物《どうぶつ》はにおいがするし、毛《け》も散《ち》らかる」

きちんとしつけをされた、おとなしい犬《いぬ》や猫《ねこ》であっても、避難所《ひなんじょ》では遠慮《えんりょ》すべきだという人《ひと》が少《すく》なくありませんでした。

動物《どうぶつ》が好《す》きな人《ひと》は、飼《か》い主《ぬし》に連《つ》れられた犬《いぬ》や猫《ねこ》を見《み》て、ほほえましく思《おも》うかもしれません。動物《どうぶつ》の姿《すがた》を見《み》るだけで心《こころ》が和《なご》むかもしれません。けれども、苦手《にがて》な人《ひと》はそうは思《おも》わないのです。ごったがえす避難所《ひなんじょ》で疲《つか》れているとき、すぐそばに犬《いぬ》や猫《ねこ》が来《き》たら、どう思《おも》うでしょう。鼻《はな》をクンクン鳴《な》らすような小《ち》さな声《こえ》でも、気《き》になってしまうかもしれません。飼《か》い主《ぬし》や動《どう》物《ぶつ》が好《す》きな人《ひと》にとっては、何《なん》でもない動物《どうぶつ》の声《こえ》やしぐさが、動物《どうぶつ》が嫌《きら》いな人《ひと》にとっては不快《ふかい》なものになりうるのです。

避難生活《ひなんせいかつ》が長《なが》くなるにつれ、犬《いぬ》や猫《ねこ》を連《つ》れた人《ひと》たちは、だれもが頭《あたま》をかかえてしまいました。いっしょにいたい気持《きも》ちは揺《ゆ》るぎませんが、心身《しんしん》のストレスでにっちもさっちもいかなくなってきたのです。

「やっぱり、普段《ふだん》のしつけが肝心《かんじん》。ほえたり、言《い》うことを聞《き》かない犬《いぬ》は、こんな大勢《おおぜい》の人《ひと》のいるところには連《つ》れて来《こ》られない」

「家《いえ》ではいい子《こ》なのに、こういうところでは、まるっきりだめ。もっとほかの犬《いぬ》といっしょに遊《あそ》ばせたり、どんな人《ひと》にでもかわいがってもらえるように、社会性《しゃかいせい》を身《み》につけさせておかなければいけなかった」

「普段《ふだん》、甘《あま》やかしているせいか、いざというとき、言《い》うことを聞《き》けと言《い》っても、聞《き》きやしない。それに、ケージやクレートに入《い》れてもおとなしくしていられるように、ちゃんと訓練《くんれん》しておくべきだった」

公共《こうきょう》の場《ば》で、最低限《さいていげん》のルールを守《まも》れないのでは、避難所《ひなんじょ》にいることはできません。普段《ふだん》のしつけがどんなに大事《だいじ》か、痛感《つうかん》した飼《か》い主《ぬし》が多《おお》かったのです。

飼《か》い主《ぬし》のイライラは犬《いぬ》や猫《ねこ》にも伝《つた》わり、動物《どうぶつ》たちもストレスを感《かん》じて、体《からだ》の調子《ちょうし》をくずすようになりました。動物《どうぶつ》は環境《かんきょう》が変《か》わると、おびえたり神経《しんけい》質《しつ》になったりして、おなかをこわすことが多《おお》いのです。突然《とつぜん》の災害《さいがい》と環境《かんきょう》の変化《へんか》に、心《こころ》と体《からだ》のバランスを失《うしな》うのは、人間《にんげん》も動物《どうぶつ》も同《おな》じなのです。

一方《いっぽう》で、「犬《いぬ》は家族《かぞく》なんだから、いっしょに避難《ひなん》するのは当然《とうぜん》」と主張《しゅちょう》する飼《か》い主《ぬし》もいました。けれども、「家族《かぞく》だから」という言葉《ことば》で、何《なん》でも許《ゆる》されていいはずはありません。きちんとしつけがされていて、迷惑《めいわく》をかけないペットであって、初《はじ》めて「動物《どうぶつ》連《づ》れで避難所《ひなんじょ》に入《はい》れる」権利《けんり》を主張《しゅちょう》できるのだと言《い》えるでしょう。

県庁《けんちょう》の生活衛生課《せいかつえいせいか》では、避難所《ひなんじょ》や車《くるま》で過《す》ごす飼《か》い主《ぬし》の中《なか》に困《こま》っている人《ひと》が多《おお》いことから、新潟県獣医師会《にいがたけんじゅういしかい》、新潟県動物愛護協会《にいがたけんどうぶつあいごきょうかい》の協力《きょうりょく》を得《え》て、各地《かくち》にペットの相談窓口《そうだんまどぐち》を設《もう》けました。また、各動物保護管理《かくどうぶつほごかんり》センターで、犬《いぬ》や猫《ねこ》の一時預《いちじあず》かりができることを広報《こうほう》しました。

結局《けっきょく》、犬《いぬ》や猫《ねこ》を連《つ》れて避難《ひなん》した飼《か》い主《ぬし》の中《なか》にも、動物《どうぶつ》が苦手《にがて》な人《ひと》たちや、いっしょにいるのを嫌《いや》がる人《ひと》たちの冷《つめ》たい視線《しせん》に耐《た》えられなくなって、センターに預《あず》かってもらう人《ひと》が増《ふ》えていきました。各《かく》センターに預《あず》けられた動物《どうぶつ》は、合計《ごうけい》で二百六十七匹《ひゃくひき》にも上《のぼ》りました。

山古志村《やまこしむら》の人《ひと》の中《なか》には、一時帰宅《いちじきたく》したとき無事《ぶじ》にペットを見《み》つけ、避難所《ひなんじょ》に連《つ》れて来《き》た人《ひと》もいました。けれども、再会《さいかい》したのもつかの間《ま》、ほとんどの人《ひと》はセンターに預《あず》けるよりほかありませんでした。

「せっかく会《あ》えたのに、ごめんな。まだ、いっしょには暮《く》らせないんだ。もう少《すこ》し、がまんしてくれ……」

「どうして？　また、どこか行《い》っちゃうの？　迎《むか》えに来《き》てくれたんじゃないの？」

犬《いぬ》や猫《ねこ》のまなざしは、飼《か》い主《ぬし》に必死《ひっし》に訴《うった》えかけます。

「避難所《ひなんじょ》ではいっしょにいられないんだ。センターに会《あ》いに行《い》くから、元気《げんき》にしているんだよ。すぐに、いっしょに住《す》めるよ。きっと、すぐに……」

山古志村《やまこしむら》に置《お》き去《ざ》りにしたときと、同《おな》じような言葉《ことば》しか、かけてやることができません。飼《か》い主《ぬし》を信《しん》じて疑《うたが》わないまなざしを受《う》け止《と》めてやることができず、だれもが、がっくりと肩《かた》を落《お》としました。

一方《いっぽう》、数《かず》は多《おお》くなかったものの、被災地《ひさいち》にはペット専用《せんよう》のテントも設置《せっち》されました。これは、飼《か》い主《ぬし》がペットといっしょにいられるよう自衛隊《じえいたい》が設営《せつえい》したもので、十基《き》ほど作《つく》られました。

また、避難所《ひなんじょ》によっては、ペットのいられる場所《ばしょ》を確保《かくほ》したり、ペット連《づ》れの人《ひと》がいる区域《くいき》を分《わ》けたりするなどの対策《たいさく》を講《こう》じたところもありました。けれども、ほとんどの避難所《ひなんじょ》では、限《かぎ》られたスペースに多《おお》くの人《ひと》が押《お》し寄《よ》せて込《こ》み合《あ》い、動物《どうぶつ》たちが休《やす》める居場所《いばしょ》はありませんでした。

避難所《ひなんじょ》に設《もう》けられたペットの相談窓口《そうだんまどぐち》（写真上）と、避難所《ひなんじょ》近《ちか》くにテントで作《つく》られたペットハウス（写真下）。

十日町市《とおかまちし》では、ペットショップの経営者《けいえいしゃ》で、「災害救助犬十日町《さいがいきゅうじょけんとおかまち》」チームの隊長《たいちょう》でもある西方真《にしかたまこと》さんが、「被災動物保護《ひさいどうぶつほご》センター」を立《た》ち上《あ》げました。スタッフや救助犬《きゅうじょけん》チームの隊員《たいいん》を総動員《そうどういん》して、地震《じしん》から二日後《ふつかご》には、七つのテントを用意《ようい》して受《う》け入《い》れ体制《たいせい》を整《ととの》えました。地元《じもと》の獣医師会《じゅういしかい》、ボランティアの協力《きょうりょく》もあって、預《あず》かった動物《どうぶつ》は多《おお》いときで五十匹《ぴき》を超《こ》えたほどです。

避難所《ひなんじょ》に身《み》を寄《よ》せた飼《か》い主《ぬし》ばかりではなく、家《いえ》の中《なか》を片付《かたづ》けるからと、ペットを預《あず》ける人《ひと》も多《おお》くいました。飼《か》い主《ぬし》たちにとって、このセンターの存在《そんざい》はとても心強《こころづよ》く、だれもが、西方《にしかた》さんはじめスタッフに感謝《かんしゃ》していました。十日町市《とおかまちし》では、ペットに関《かん》する問題《もんだい》は、ほとんど起《お》きなかったと言《い》われています。

このときの速《すみ》やかで適切《てきせつ》な対応《たいおう》は、防災《ぼうさい》に関《かか》わる専門家《せんもんか》からも、今後《こんご》のお手本《てほん》になるものと高《たか》く評価《ひょうか》されました。この十日町市《とおかまちし》で成功《せいこう》した例《れい》を参考《さんこう》に、今後《こんご》、自然災害《しぜんさいがい》が起《お》こったときのペット対策《たいさく》や方針《ほうしん》を、行政《ぎょうせい》と民間《みんかん》が協力《きょうりょく》して推《お》し進《すす》めていくこともできるのではないでしょうか。

9　保護《ほご》されたハル

地震《じしん》からほぼ一ヵ月《げつ》になろうとしています。

紅葉《こうよう》が美《うつく》しく映《は》えた近隣《きんりん》の山々《やまやま》も、いつのまにか葉《は》っぱが落《お》ち、冬《ふゆ》がそこまで来《き》ているのがわかります。

県庁《けんちょう》の生活衛生課《せいかつえいせいか》や動物保護管理《どうぶつあいごかんり》センターの職員《しょくいん》は、毎日《まいにち》のように山古志《やまこし》村《むら》に行《い》き、残《のこ》された犬《いぬ》や猫《ねこ》にエサと水《みず》をやっています。初《はじ》めはヘリコプターで行《い》っていましたが、道路《どうろ》が復旧《ふっきゅう》するにつれ、地域《ちいき》によっては、車《くるま》でも行《い》けるようになりました。

十一月《がつ》二十二日《にち》。

職員《しょくいん》たちが、村《むら》に向《む》かう車《くるま》の荷台《にだい》に、動物用《どうぶつよう》のケージをたくさん積《つ》み込《こ》んでいます。

避難指示《ひなんしじ》は出《だ》されたままで、村《むら》の人《ひと》たちがいつ帰《かえ》れるのか見通《みとお》しが立《た》たず、また、雪《ゆき》の降《ふ》る時期《じき》が近《ちか》づいているため、取《と》り残《のこ》されている犬《いぬ》や猫《ねこ》を保護《ほご》することになったのです。

山古志村《やまこしむら》は、豪雪地帯《ごうせつちたい》として知《し》られているところで、多《おお》いときには四メートルを越《こ》える雪《ゆき》が積《つ》もります。道路《どうろ》が復旧《ふっきゅう》しても、除雪《じょせつ》されていなければ、車《くるま》でエサを運《はこ》ぶこともできなくなります。さまざまなことが検討《けんとう》され、動物《どうぶつ》たちを保護《ほご》することが決《き》められたのです。

猫《ねこ》は犬《いぬ》と違《ちが》って登録義務《とうろくぎむ》がないので、保護《ほご》するためには、だれが飼《か》い主《ぬし》か、何匹飼《なんびきか》っているのかを調《しら》べなければなりません。飼《か》い主《ぬし》から集《あつ》めた調査表《ちょうさひょう》には、猫《ねこ》の特徴《とくちょう》がくわしく書《か》かれています。それを元《もと》に、職員《しょくいん》たちが家《いえ》を回《まわ》って見《み》つけ出《だ》します。

「ようし、いい子《こ》だ。すぐに、飼《か》い主《ぬし》さんに会《あ》わせてやるからな」

庭《にわ》にいた真《ま》っ白《しろ》い猫《ねこ》が、エサにつられてケージに入《はい》りました。人《ひと》なつっこ

玄関先《げんかんさき》で県《けん》の職員《しょくいん》からエサをもらう猫《ねこ》。

く、まったく警戒《けいかい》していません。

「おい、おい。お〜い。こっちだよ、こっち。あ〜、逃《に》げてしまったよ」

茶色《ちゃいろ》の猫《ねこ》はケージを見《み》た途端《とたん》、一目散《いちもくさん》に逃《に》げてしまいました。

「これは、思《おも》った以上《いじょう》に大変《たいへん》かもしれないな。時間《じかん》がかかりそうだ……」

職員《しょくいん》の木田《きだ》さんと熊倉《くまくら》さんが、逃《に》げた猫《ねこ》の後《うし》ろ姿《すがた》を目《め》で追《お》いながら、ため息《いき》をつきました。

すぐ近《ちか》くまで来《き》てエサを食《た》べ、こわがっていないように見《み》える猫《ねこ》でも、ケージにはなかなか入《はい》りたがりません。無理《むり》に押《お》し込《こ》めようとすると、あばれてしまいます。保護《ほご》した猫《ねこ》は、感染症《かんせんしょう》にかかっていないかどうか、すぐに健康診断《けんこうしんだん》を行《おこ》ない、病気《びょうき》やけがをしている猫《ねこ》は、魚沼保健所《うおぬまほけんじょ》で働《はたら》く獣医師《じゅういし》の星野麻衣子《ほしのまいこ》さんが治療《ちりょう》にあたりました。

「一ヵ月《げつ》も、よくがんばったね。もうだいじょうぶよ」

ケージの中《なか》でおびえる猫《ねこ》に、星野《ほしの》さんは何度《なんど》も声《こえ》をかけました。年老《としお》いた猫《ねこ》は、あまりエサを食《た》べなかったのか、やせて弱《よわ》っているようです。知《し》らない場所《ばしょ》に連《つ》れて来《こ》られ、どんなに心細《こころぼそ》いことでしょう。そんな猫《ねこ》たちがふびんでならず、余震《よしん》が続《つづ》く中《なか》、星野《ほしの》さんは家《いえ》にも帰《かえ》らず、朝《あさ》から晩《ばん》までつきっきりで見守《みまも》りました。

一方《いっぽう》、健康診断《けんこうしんだん》で特《とく》に問題《もんだい》がなかった猫《ねこ》は、職員《しょくいん》が手分《てわ》けして避難所《ひなんじょ》を回《まわ》って飼《か》い主《ぬし》を捜《さが》しますが、その確認作業《かくにんさぎょう》はなかなかはかどりません。

豊《ゆた》かな自然《しぜん》があふれる山古志村《やまこしむら》では、飼《か》い主《ぬし》の家《いえ》を自由《じゆう》に出入《でい》りして、外《そと》にいる時間《じかん》のほうが長《なが》い猫《ねこ》がほとんどです。また、飼《か》い主《ぬし》が決《き》まっていなく

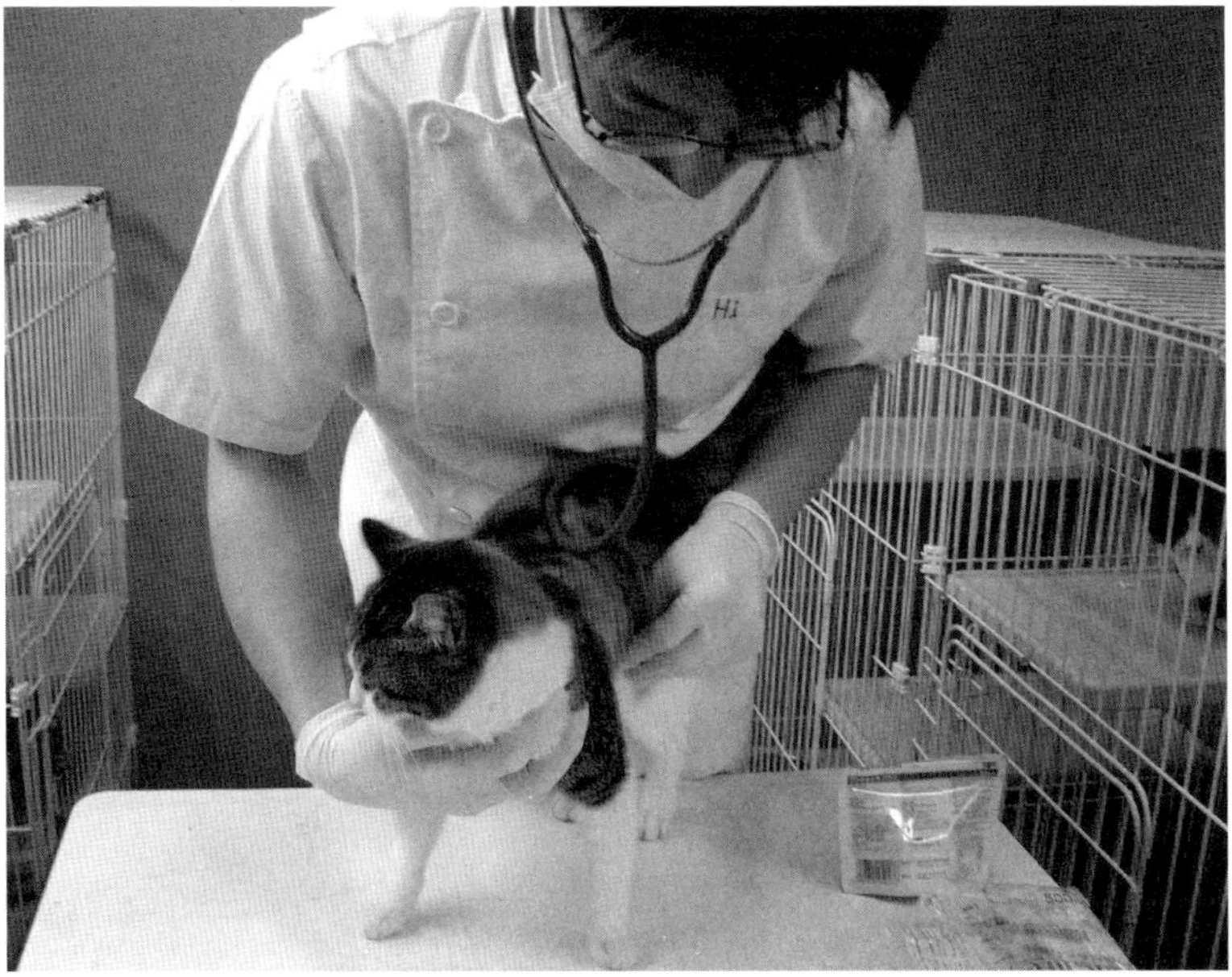

山古志村《やまこしむら》で保護《ほご》され、獣医師《じゅういし》の健康診断《けんこうしんだん》を受《う》ける猫《ねこ》。

て、地域《ちいき》で世話《せわ》をしているような猫《ねこ》もいるため、その数《かず》がなかなか定《さだ》まりません。

職員《しょくいん》たちは、一日《にち》でも一時間《じかん》でも早《はや》く、元《もと》の飼《か》い主《ぬし》に会《あ》わせてやりたいと、身《み》を粉《こ》にして避難所《ひなんじょ》を回《まわ》りました。

置《お》き去《ざ》りにされた動物《どうぶつ》を保護《ほご》するため、山古志村《やまこしむら》の現地《げんち》に入《はい》った職員《しょくいん》だけではなく、このように病気《びょうき》やけがをしている動物《どうぶつ》を治療《ちりょう》したり、元《もと》の飼《か》い主《ぬし》を尋《たず》ね回《まわ》ったりと、それぞれの持《も》ち場《ば》で、動物《どうぶつ》たちの命《いのち》を救《すく》おうと必死《ひっし》に取《と》り組《く》んだ職員《しょくいん》もたくさんいたのです。

「樺沢《かばさわ》さんのお宅《たく》、猫《ねこ》を飼《か》っていましたよね。今《いま》、ちょうど、保護《ほご》された猫《ねこ》が連《つ》れて来《こ》られているから、見《み》に行《い》ったらどう」

救援物資《きゅうえんぶっし》の仕分《しわ》けの手伝《てつだ》いをしていたお母《かあ》さんに、知《し》らせてくれる人《ひと》がいました。お母《かあ》さんが急《いそ》いで玄関《げんかん》に向《む》かうと、猫《ねこ》のケージが並《なら》べられていました。ニャ〜ニャ〜という鳴《な》き声《ごえ》を耳《みみ》にするのは久《ひさ》しぶりです。

（へえ〜、いっぱい保護《ほご》されたのね。職員《しょくいん》さんたち、大変《たいへん》だったろうなあ）

一番《いちばん》はじのケージに、茶色《ちゃいろ》で、しっぽの短《みじか》い猫《ねこ》のおしりが見《み》えます。

（えっ、あのしっぽは、まさか……ハル？）

そばの人《ひと》にどいてもらって、ケージの正面《しょうめん》から中《なか》をのぞいたお母《かあ》さんは、一目《ひとめ》で、それがハルだとわかりました。

「ハル〜、ハル〜。元気《げんき》だったの〜。よかった…よかったね……」

お母《かあ》さんの声《こえ》は、途切《とぎ》れがちです。

避難《ひなん》する日《ひ》に縁《えん》の下《した》にいるのを見《み》たものの、一時帰宅《いちじきたく》の時《とき》には姿《すがた》を見《み》せてくれませんでした。何《なに》かあったのではないかと、ずっと心配《しんぱい》していたのです。

「ニャ〜、ニャ〜」

ハルは、お母《かあ》さんの顔《かお》を見《み》て声《こえ》を出《だ》しました。甘《あま》えた声《こえ》です。

この一ヵ月《げつ》、どこで、どのように過《す》ごしてきたのでしょうか。少《すこ》しやせたような気《き》もします。エサはちゃんと食《た》べていたのでしょうか。

すぐに胸《むね》に抱《だ》きしめてあげたいものの、ケージを開《あ》けることはできません。動物《どうぶつ》は知《し》らない場所《ばしょ》、知《し》らない人《ひと》がたくさんいる所《ところ》では、普段《ふだん》とは違《ちが》った行動《こうどう》をとることがあります。外《そと》に飛《と》び出《だ》してしまった猫《ねこ》をつかまえるのは、とてもむずかしいのです。

お母《かあ》さんは、ケージのすき間《ま》から指《ゆび》を入《い》れて、ハルの毛《け》にさわりました。ハルはおでこをすり寄《よ》せて、喜《よろこ》ぶしぐさを見《み》せました。

「この子《こ》、うちの猫《ねこ》なんです。本当《ほんとう》にどうもありがとうございました」

お母《かあ》さんは、近《ちか》くの職員《しょくいん》に向《む》かって、何度《なんど》も頭《あたま》を下《さ》げてお礼《れい》を言《い》いました。

「それは、それは。よかったですね。とても元気《げんき》そうじゃないですか」

「ありがとうございました。あのう、この猫《ねこ》のほかに、もう一匹《ぴき》いるんですが……。保護《ほご》されたのかどうか、わかりませんか」

「山古志村《やまこしむら》で保護《ほご》した猫《ねこ》は、ほかの避難所《ひなんじょ》にも連《つ》れて行《い》っています。もしかしたら、先《さき》に別《べつ》の避難所《ひなんじょ》に回《まわ》されたのかもしれません。いずれ、センターの方《ほう》にもどりますから、見《み》に来《こ》られたらいいですよ」

「今《いま》、主人《しゅじん》も子《こ》どもたちもいないので、後《あと》で伺《うかが》います。みんな、大喜《おおよろこ》びすると思《おも》います。本当《ほんとう》に何《なん》とお礼《れい》を言《い》ったらいいのか……」

お母《かあ》さんはハルに会《あ》えて、胸《むね》がいっぱいです。

「よかったですね。無事《ぶじ》に飼《か》い主《ぬし》さんが見《み》つかって、われわれもうれしいですよ。本当《ほんとう》によかったよかった……」

職員《しょくいん》も、まるで自分《じぶん》のことのように喜《よろこ》んでいます。

「われわれは、もうすぐセンターにもどらなくてはなりませんので、今日《きょう》はとりあえず、そちらに連《つ》れて行《い》きますね」

「いろいろお世話《せわ》になりますが、どうぞよろしくお願《ねが》いします」

お母《かあ》さんは、子《こ》どもたちが学校《がっこう》から帰《かえ》って来《く》るのを首《くび》を長《なが》くして待《ま》ちました。そして、その日《ひ》の夕方《ゆうがた》、お父《とう》さんが帰《かえ》ってから、家族全員《かぞくぜんいん》で長岡市内《ながおかしない》の中越動物保護管理《ちゅうえつどうぶつほごかんり》センターに向《む》かいました。

「ハル〜、ハル〜。よかったね。元気《げんき》そうだね」

ケージから出《だ》してもらうと、ハルはしっぽをピンと立《た》てて、うれしそうにすり寄《よ》って来《き》ました。

「ぼくが先《さき》、ぼくが先《さき》だよ」

子《こ》どもたちは次々《つぎつぎ》に交代《こうたい》しては、抱《だ》っこしてなでてやりました。ハルも大《おお》喜《よろこ》びで、のどをゴロゴロ鳴《な》らして甘《あま》えています。

「よく、がんばったね。ハル」

「ちょっと、やせちゃったかな。ちゃんと食《た》べていなかったのか？」

みんな、ハルの無事《ぶじ》を喜《よろこ》びました。けれども、ハルだけ保護《ほご》されたのが不《ふ》思議《しぎ》でなりません。

「ねえ、チボはどこなの？　いっしょじゃなかったの？」

「どうして、チボは保護《ほご》されなかったの。ハルのお母《かあ》さんはどうしたの？」

「ニャ〜ニャ〜〜」

ハルは甘《あま》えた声《こえ》で鳴《な》くばかり。チボの行方《ゆくえ》を聞《き》いてもしかたがないのに、みんな、ハルに問《と》いかけるしかありませんでした。


その後《ご》、ハルはセンターでそのまま預《あず》かってもらうことにしました。樺沢《かばさわ》さんの家族《かぞく》がいる避難所《ひなんじょ》では、ペットを飼《か》うのが認《みと》められていなかったため、しかたがなかったのです。

子《こ》どもたちはハルに会《あ》うため、お父《とう》さんとお母《かあ》さんの都合《つごう》がつく限《かぎ》り、センターに連《つ》れて行《い》ってもらいました。一方《いっぽう》、チボは、ほかのセンターも回《まわ》って捜《さが》しましたが、行方《ゆくえ》はわからないままでした。

「どのセンターにもいないということは、まだ村《むら》にいるってこと？」

「ハルは人《ひと》なつっこくて、どんな人《ひと》にもついて行《い》くから、保護《ほご》してもらえたんだよね。チボは警戒心《けいかいしん》が強《つよ》くて、知《し》らない人《ひと》だと絶対《ぜったい》に逃《に》げちゃうもん」

「どんどん雪《ゆき》が降《ふ》ってくるし、冬《ふゆ》を越《こ》せるのかな。なんとかして、保護《ほご》してもらえないかなあ」

「ねえ、捜《さが》しに行《い》こうよ。ぼくたちが行《い》ったら、絶対《ぜったい》、見《み》つけられるよ」

子《こ》どもたちの気持《きも》ちはわかりますが、山古志村《やまこしむら》に一般《いっぱん》の人《ひと》が立《た》ち入《い》ることは許可《きょか》されていません。職員《しょくいん》に保護《ほご》されて来《く》るのを待《ま》つしかありません。

次《つぎ》の週《しゅう》から、ハルは新潟市内《にいがたしない》の西山動物病院《にしやまどうぶつびょういん》に移《うつ》されることになりました。

保護《ほご》されたり、一時預《いちじあず》かりをしてもらったりする動物《どうぶつ》が多《おお》く、センターで収容《しゅうよう》しきれなくなったこと、また、寒《さむ》い冬《ふゆ》を迎《むか》え、動物《どうぶつ》たちの健康《けんこう》が心配《しんぱい》されたことなどから、県内《けんない》の動物病院《どうぶつびょういん》が引《ひ》き取《と》って世話《せわ》をしてくれることになったのです。

一時預《いちじあず》かりを行《おこ》なった病院《びょういん》は四十八ヵ所《しょ》におよび、無料《むりょう》で健康診断《けんこうしんだん》をし、ワクチンなどの注射《ちゅうしゃ》をして、細《こま》やかに気《き》を配《くば》ってくれました。

また、センターや動物病院《どうぶつびょういん》に引《ひ》き取《と》られた犬《いぬ》や猫《ねこ》は、たくさんのボランティ

ア の人《ひと》が協力《きょうりょく》して世話《せわ》をしてくれました。犬《いぬ》の散歩《さんぽ》をさせたり遊《あそ》ばせたり、シャンプーをしたり爪切《つめき》りをしたり、ケージのそうじをしたり、エサの配布《はいふ》をしたりして、動物《どうぶつ》たちの面倒《めんどう》をみてくれました。

人《ひと》なつっこいハルは、西山《にしやま》動物《どうぶつ》病院《びょういん》の西山《にしやま》栄一《えいいち》院長《いんちょう》はじめ、スタッフの人《ひと》たちにもかわいがられています。

「ハル、ここにおいで」

獣医師《じゅういし》の早川《はやかわ》小百合《さゆり》さんが呼《よ》ぶと、ハルはすばやく、ひざに乗《の》りました。甘《あま》えんぼうでさびしがりやのハルは、早川《はやかわ》さんに抱《だ》っこしてもらうと、うれしそうに、のどをゴロゴロ鳴《な》らしました。

「ほかの猫《ねこ》たちは、みんな、お家《うち》に帰《かえ》って行《い》くけど、ハルは、まだ帰《かえ》れないのよ。さびしいかもしれないけれど、がまんしなくっちゃね。飼《か》い主《ぬし》さんが迎《むか》えに来《く》るまで、ここで、いい子《こ》にして待《ま》っていようね」

入院《にゅういん》しているペットの犬《いぬ》や猫《ねこ》たちは、病気《びょうき》が治《なお》ると、飼《か》い主《ぬし》さんに連《つ》れられて、次々《つぎつぎ》に帰《かえ》って行《い》きますが、ハルが帰《かえ》れるのはまだまだ先《さき》。いつ迎《むか》えに来《き》てもらえるのかもわからないのです。

そんなハルをふびんに思《おも》い、早川《はやかわ》さんもほかのスタッフも、みんな目《め》をかけていました。ケージから出《だ》してもらい、お気《き》に入《い》りの場所《ばしょ》に好《す》きなように動《うご》けるハルは、いつのまにか医局《いきょく》のアイドルのような存在《そんざい》になっていました。

一方《いっぽう》、樺沢《かばさわ》さんの家族《かぞく》は、できるだけハルに会《あ》いに行《い》ってあげたいと思《おも》っていました。けれども、みんなの都合《つごう》を合《あ》わせて病院《びょういん》に行《い》っても、子《こ》どもたちは、行《い》くときは元気《げんき》なのに、帰《かえ》りの車《くるま》ではしゅんとしてしまいます。お父《とう》さんもお母《かあ》さんも、どう言葉《ことば》をかけていいのか困《こま》ってしまいました。

「会《あ》えるのはうれしいけど、病院《びょういん》に置《お》いて帰《かえ》ってくるとき、ハルが悲《かな》しそうに鳴《な》くんだよ。こっちまで泣《な》きたくなっちゃうよ」

「かえって、さびしい思《おも》いをさせているんじゃないのかなあ」

ハルに会《あ》いに行《い》って喜《よろこ》ばせておきながら、連《つ》れて帰《かえ》って来《こ》られないのが、みんな哀《あわ》れに感《かん》じられてなりませんでした。

10　家《いえ》の裏《うら》にたたずむチボ

　十一月末《がつすえ》。

　ハルが無事《ぶじ》に保護《ほご》されてから、子《こ》どもたちはチボの行方《ゆくえ》だけが気《き》がかりでした。

「お父《とう》さん、ちゃんと見《み》て来《き》てね。チボがいるかもしれないから……」

　朝《あさ》、山古志村《やまこしむら》の道路《どうろ》の復旧工事《ふっきゅうこうじ》に出《で》かけるお父《とう》さんに言《い》う決《き》まり文句《もんく》です。

「ああ、わかっているよ」

　お父《とう》さんも、いつも同《おな》じ言葉《ことば》を返《かえ》します。

　仕事《しごと》の行《い》き来《き》に、自宅《じたく》を見《み》て来《く》るようにしていたお父《とう》さんは、この日《ひ》、なんとなく気《き》になって、昼《ひる》の休憩時間《きゅうけいじかん》に家《いえ》を見《み》に行《い》きました。

庭《にわ》に落《お》ちた枯《か》れ葉《は》が、風《かぜ》が吹《ふ》くたびに舞《ま》い上《あ》がっています。冬《ふゆ》がもうそこまでやって来《き》ています。

ふと、何《なに》かが動《うご》くのが目《め》に入《はい》りました。何《なに》かがいる気配《けはい》がします。目《め》をこらしてよく見《み》ると、家《いえ》の裏《うら》にチボがいるではありませんか。

「チボ……チボ……。そんなところにいたのか」

びっくりさせないように、そっと声《こえ》をかけました。

「チボ、どうした……元気《げんき》だったか……。今《いま》まで、どこに行《い》ってたんだ。みんな心配《しんぱい》していたんだぞ」

お父《とう》さんが言葉《ことば》をかけても、チボは微動《びどう》だにしません。

（そうだ、カメラを持《も》って来《き》ていたんだ。チボの写真《しゃしん》を撮《と》って、子《こ》どもたちに見《み》せてやろう。びっくりするだろうな……）

お父《とう》さんは急《いそ》いでカメラを取《と》り出《だ》し、シャッターを押《お》しました。ファインダーごしに見《み》えるチボは、時々《ときどき》、チラリとカメラのほうに目《め》を向《む》けます。でも、自分《じぶん》から寄《よ》って来《こ》ようとはしません。

「チボ、おいで。ほら、こっちにおいで……」

まったく反応《はんのう》を示《しめ》さないチボに向《む》かって、お父《とう》さんが近《ちか》づこうとしました。

でも、一歩《いっぽ》踏《ふ》み出《だ》した瞬間《しゅんかん》、チボはくるっと体《からだ》を回転《かいてん》させると、縁《えん》の下《した》に消《き》えてしまったのです。

「チボ！　どこ行《い》くんだ。チボ〜〜」

もう、その姿《すがた》は見当《みあ》たりません。お父《とう》さんがどんなに呼《よ》んでも、どんなに長《なが》くそこで待《ま》っていても、二度《にど》と姿《すがた》を見《み》せてはくれませんでした。

その日《ひ》の夕方《ゆうがた》、帰宅《きたく》して子《こ》どもたちに知《し》らせると、「本当《ほんとう》？」と、最初《さいしょ》はなかなか信《しん》じてくれませんでした。自分《じぶん》たちを喜《よろこ》ばせたくて、作《つく》り話《ばなし》をしたのだと思《おも》ったのです。けれども、写真《しゃしん》を見《み》ると、大騒《おおさわ》ぎになりました。

「チボだ！　本当《ほんとう》だ！」

「元気《げんき》だったんだ〜。生《い》きていたんだ〜」

ハルは動物病院《どうぶつびょういん》で預《あず》かってもらって元気《げんき》にしているし、チボも無事《ぶじ》でいた

久《ひさ》しぶりに会《あ》ったチボは、甘《あま》えるそぶりを見《み》せることなく逃《に》げてしまった。

ことがわかって、ようやく胸《むね》のつかえがとれたような気分《きぶん》です。

「早《はや》く村《むら》に帰《かえ》りたいなあ。ねえ、お母《かあ》さん」

「これからは雪《ゆき》が積《つ》もるから無理《むり》だけれど、春《はる》になって雪《ゆき》が溶《と》けたら、村《むら》に帰《かえ》れるわよ」

「そうさ、チボが待《ま》っていてくれるんだ。春《はる》には帰《かえ》らないと」

「春《はる》になったら……。本当《ほんとう》だね、よかった……」

お父《とう》さんもお母《かあ》さんも、そして、子《こ》どもたちも、村《むら》に帰《かえ》れる日《ひ》が待《ま》ち遠《どお》しくてなりません。ハルのために、そして、家《いえ》でずっと待《ま》っているチボのためにも、一日《にち》も早《はや》くもどらなければと、心《こころ》の底《そこ》から思《おも》いました。

お母《かあ》さんはこれまで、一人《ひとり》になると、ぼんやりと、山古志村《やまこしむら》の景色《けしき》に思《おも》いをはせていました。

（この地震《じしん》さえなかったら……。もし、かなうなら、地震《じしん》の起《お》きる前《まえ》にもどって、静《しず》かに暮《く》らしたい。花《はな》を植《う》え、猫《ねこ》を飼《か》い、お日《ひ》さまのまぶしい日《ひ》には、雁木《がんぎ》（＊注）に家中《いえじゅう》のふとんを干《ほ》して……）

四季折々《しきおりおり》の豊《ゆた》かな自然《しぜん》の村《むら》に帰《かえ》りたいと、何度《なんど》思《おも》ったことでしょう。ふるさとの風景《ふうけい》を思《おも》い浮《う》かべては、やるせない気持《きも》ちになっていました。

けれども、今《いま》、「村《むら》に帰《かえ》るんだ」という目標《もくひょう》に向《む》かって、家族《かぞく》みんなが一つになっています。家族《かぞく》の強《つよ》い絆《きずな》が感《かん》じられ、お母《かあ》さんはとても心《こころ》があたたまるような気《き》がしました。

子《こ》どもたちは、不自由《ふじゆう》な生活《せいかつ》ながら、元気《げんき》に学校《がっこう》に通《かよ》っています。ハルもチボも、それぞれの場所《ばしょ》でがんばっているようです。悲《かな》しみを忘《わす》れるのではなく、悲《かな》しみと向《む》き合《あ》っていこうと思《おも》いました。

「みんなで山古志村《やまこしむら》に帰《かえ》ろう。どんなことがあっても、いつになろうとも、必《かなら》ず帰《かえ》ろう」――みんなの明《あか》るい笑顔《えがお》に包《つつ》まれて、お母《かあ》さんの気持《きも》ちも、ようやく前向《まえむ》きになっていました。

＊雁木《がんぎ》＝山古志村《やまこしむら》では、住宅《じゅうたく》の一階《いっかい》の窓《まど》の上《うえ》に、霧《きり》よけのひさしが大《おお》きく長《なが》めに造《つく》ってあり、それを雁木《がんぎ》と呼《よ》んでいる。雪深《ゆきぶか》い地方《ちほう》で、家《いえ》の軒《のき》からひさしを長《なが》く張《は》り出《だ》し、その下《した》を通路《つうろ》にしたものとは違《ちが》う。

11　仮設住宅《かせつじゅうたく》での暮《く》らし

二〇〇四年《ねん》十二月《がつ》。

雪《ゆき》が多《おお》い新潟《にいがた》の中《なか》でも、特《とく》に豪雪地帯《ごうせつちたい》と呼《よ》ばれる中越地方《ちゅうえつちほう》は、すっかり冬《ふゆ》のたたずまいになりました。

木枯《こが》らしが吹《ふ》く中《なか》、長岡市《ながおかし》や川口町《かわぐちまち》などでは、仮設住宅《かせつじゅうたく》への引《ひ》っ越《こ》しが始《はじ》まりました。ボランティアの人《ひと》たちに手伝《てつだ》ってもらいながら、布団《ふとん》や身《み》の回《まわ》り品《ひん》の荷物《にもつ》の運《はこ》び入《い》れをしています。

仮設住宅《かせつじゅうたく》の玄関先《げんかんさき》に、一匹《ぴき》の犬《いぬ》がつながれています。伏《ふ》せたままで、行《い》き来《き》する人《ひと》たちをじっと見《み》つめています。おとなしく、飼《か》い主《ぬし》にきちんとしつけられているのが見《み》てとれます。

県庁《けんちょう》の生活《せいかつ》衛生《えいせい》課《か》では、仮設《かせつ》住宅《じゅうたく》の建設《けんせつ》が始《はじ》まったときから、仮設《かせつ》住宅《じゅうたく》で動物《どうぶつ》が飼《か》えるように、それぞれの自治体《じちたい》に働《はたら》きかけていました。

「災害《さいがい》で何《なに》もかも失《うしな》った人々《ひとびと》にとって、ペットを失《うしな》うことが、どんなに精神《せいしん》的《てき》な苦痛《くつう》を与《あた》えていることだろう。ペットがそばにいることでいやされ、今《こん》後《ご》の生活《せいかつ》にも張《は》りが出《で》てくるのではないだろうか」

「これまでの仮設《かせつ》住宅《じゅうたく》では、ペットとの同居《どうきょ》は許《ゆる》されなかった。けれども、今《いま》は、動物《どうぶつ》も家族《かぞく》の一員《いちいん》として認《みと》められつつあるから、理解《りかい》が得《え》られないことではないはずだ」

「そうですよ。これだけ、ペットを飼《か》う人《ひと》が増《ふ》えているんです。犬《いぬ》も猫《ねこ》も、家族《かぞく》の一員《いちいん》としてだけではなく、社会《しゃかい》の一員《いちいん》だという見方《みかた》が広《ひろ》まっています。なんとか、それぞれの市町村《しちょうそん》に検討《けんとう》してもらいましょう」

各地《かくち》に設《もう》けたペットの相談《そうだん》窓口《まどぐち》では、たくさんの飼《か》い主《ぬし》から「いっしょに暮《く》らしたい」という切実《せつじつ》な声《こえ》を聞《き》いています。周《まわ》りの人《ひと》に気《き》をつかい、なかなか本音《ほんね》が言《い》えない飼《か》い主《ぬし》に代《か》わって、生活《せいかつ》衛生《えいせい》課《か》の職員《しょくいん》たちは、仮設《かせつ》住宅《じゅうたく》にペットを連《つ》れて入《はい》れるよう、あらゆる手《て》を尽《つ》くしていました。

これまで大《おお》きな災害《さいがい》が起《お》きるたび、全国各地《ぜんこくかくち》で仮設住宅《かせつじゅうたく》が建《た》てられてきましたが、ペットがいっしょに住《す》むことは許可《きょか》されませんでした。

たとえば、阪神大震災《はんしんだいしんさい》では、避難所《ひなんじょ》や仮設住宅《かせつじゅうたく》へのペット連《づ》れは、一切《いっさい》、禁止《きんし》されました。また、三宅島《みやけじま》の噴火《ふんか》のときは、仮《かり》の住《す》まいとして用意《ようい》された都営住宅《とえいじゅうたく》で、ペットの同居《どうきょ》は認《みと》められませんでした。

災害《さいがい》などの危機的《ききてき》な状況《じょうきょう》に陥《おちい》ったとき、動物《どうぶつ》の命《いのち》は、いつもないがしろにされてきたのです。避難所《ひなんじょ》でペット連《づ》れが許可《きょか》されないのはなぜか、仮設住宅《かせつじゅうたく》でペットもいっしょに住《す》めるようにできないのか——いつも問題《もんだい》になるにもかかわらず、ほとんど対策《たいさく》が講《こう》じられてきませんでした。

生活衛生課《せいかつえいせいか》では、七月《がつ》の水害《すいがい》で被災《ひさい》した動物《どうぶつ》の救援活動《きゅうえんかつどう》を教訓《きょうくん》に、仮設《かせつ》住宅《じゅうたく》はペットもいっしょに住《す》めるようにすべきだと考《かんが》えたのです。

「長岡市《ながおかし》でも小千谷市《おぢやし》でも、許可《きょか》が下《お》りましたよ。これで、全部《ぜんぶ》の自治体《じちたい》が

仮設住宅《かせつじゅうたく》の玄関先《げんかんさき》につながれた犬《いぬ》。

認《みと》めてくれました。がんばったかいがありましたね。よかったよかった……」

職員《しょくいん》たちは、だれもが胸《むね》をなでおろしました。

住宅《じゅうたく》が壊《こわ》れて住《す》めなくなった被《ひ》災者《さいしゃ》の中《なか》には、新《あたら》しい家《いえ》を建《た》てることもできず、どこに住《す》んだらいいのか、今後《こんご》の見通《みとお》しがまだ立《た》っていない人《ひと》もたくさんいます。ペットを引《ひ》き取《と》って暮《く》らすことで、これからの生活《せいかつ》に少《すこ》しでも希望《きぼう》を持《も》ってもらえたらと願《ねが》っていました。

十二月《がつ》十八日《にち》。

樺沢《かばさわ》さんの家族《かぞく》は、長岡市新陽《ながおかししんよう》に建《た》てられた仮設住宅《かせつじゅうたく》に引《ひ》っ越《こ》すことになりました。山古志村《やまこしむら》の種苧原地区《たねすはらちく》の人《ひと》は、みんな同《おな》じ仮設住宅《かせつじゅうたく》に入《はい》ります。村《むら》には十四の集落《しゅうらく》がありますが、元々《もともと》の地域《ちいき》のつながりを大事《だいじ》にしようと、集落《しゅうらく》ごとに部屋《へや》が割《わ》り当《あ》てられたので、近所《きんじょ》には顔《かお》なじみの人《ひと》たちがそろいます。

避難所《ひなんじょ》では細《こま》かいルールがあり、常《つね》に周《まわ》りに人《ひと》の目《め》があったので、体力的《たいりょくてき》にも精神的《せいしんてき》にもつらい毎日《まいにち》でした。仮設住宅《かせつじゅうたく》の部屋《へや》は、五人家族《にんかぞく》にとって広《ひろ》くはありませんが、わがままは言《い》えません。ようやく自分《じぶん》たち家族《かぞく》だけで住《す》める家《いえ》です。せまくても、五人《にん》でくつろげる場所《ばしょ》なのです。

「ねえ、お父《とう》さん、ここにハルを連《つ》れて来《き》ちゃだめ？」

「そうだよ。避難所《ひなんじょ》でいっしょにいられないのはしかたなかったけれど、ここだったら、引《ひ》き取《と》ってもだいじょうぶなんじゃないの？」

仮設住宅《かせつじゅうたく》に落《お》ち着《つ》くと、圭介君《けいすけくん》と恒平君《こうへいくん》が聞《き》きました。

「ほかの仮設住宅《かせつじゅうたく》では飼《か》っている人《ひと》もいるんだよ」

「ああ、そうみたいだな。仮設住宅《かせつじゅうたく》で動物《どうぶつ》を飼《か》うのは、禁《きん》じられてはいない。でも、地区《ちく》のみんなで決《き》めたことなんだ。一戸建《いっこだ》ての家《いえ》と違《ちが》って、ここは集合住宅《しゅうごうじゅうたく》なんだから、動物《どうぶつ》が苦手《にがて》な人《ひと》もいるし、衛生的《えいせいてき》にも問題《もんだい》が出《で》るかもしれないし……。ペットは遠慮《えんりょ》しようということになったんだよ。決《き》められたルールは守《まも》らないと……」

「そんな……ハル一匹《ぴき》だけなら、なんとかなるよ、だれにも迷惑《めいわく》かけやしないよ」

「ここに引《ひ》き取《と》っても、ケージの中《なか》に閉《と》じ込《こ》めておくのはかわいそうじゃないか。村《むら》に帰《かえ》るときに引《ひ》き取《と》るのが一番《いちばん》いいさ。春《はる》になれば、なんとかなると思《おも》うし」

「どうしても、だめ？」

「ああ……」

「ハルといっしょに暮《く》らしたい」という子《こ》どもたちの願《ねが》いは、今度《こんど》もかないませんでした。

お父《とう》さんもお母《かあ》さんも、動物《どうぶつ》を思《おも》いやる子《こ》どもたちの気持《きも》ちを大事《だいじ》にしてあげたいと思《おも》いながらも、地区《ちく》で取《と》り決《き》めたことは守《まも》らなければなりませんでした。

山古志村《やまこしむら》では昔《むかし》から、人《ひと》の絆《きずな》も集落《しゅうらく》の絆《きずな》も強《つよ》く、何《なに》か問題《もんだい》があるときは、いつもみんなで話《はな》し合《あ》って決《き》めてきました。厳《きび》しい気候《きこう》や土地柄《とちがら》もあってか、助《たす》け合《あ》いの精神《せいしん》が培《つちか》われてきたのです。

避難所《ひなんじょ》では、プライバシーがなくて困《こま》ったこともありましたが、種苧原地《たねすはらち》区《く》の人《ひと》たちは、昔《むかし》からよく知《し》っている人《ひと》ばかり。子《こ》どもたちが学校《がっこう》に行《い》くときには「行《い》ってらっしゃい」、帰《かえ》ってくると「お帰《かえ》り」と、だれもが明《あか》るく声《こえ》をかけてくれます。家族《かぞく》みんなで出《で》かけて遅《おそ》くなったときなどには、洗《せん》たく物《もの》がたたまれていたこともありました。

村《むら》の人《ひと》たちは、何代《なんだい》も前《まえ》から信頼《しんらい》関係《かんけい》を築《きず》き上《あ》げ、子《こ》どもは地域《ちいき》みんなで育《そだ》てるものという意識《いしき》があります。子《こ》どもからお年寄《としよ》りまで、まるで大《おお》きな家族《かぞく》のようです。

ハルを引《ひ》き取《と》って、いっしょに暮《く》らしたいという気持《きも》ちは消《き》えませんが、大勢《おおぜい》の人《ひと》が住《す》む仮設住宅《かせつじゅうたく》では、みんなが気持《きも》ちよく暮《く》らせるのが一番《いちばん》です。圭介君《けいすけくん》と恒平君《こうへいくん》は、あきらめるしかありませんでした。

ペットを引《ひ》き取《と》らなかったのは、樺沢《かばさわ》さんの家族《かぞく》だけではありません。避《ひ》難所《なんじょ》にいたときに、動物保護管理《どうぶつほごかんり》センターにペットを預《あず》かってもらっていた人《ひと》の多《おお》くは、仮設住宅《かせつじゅうたく》に移《うつ》っても、そのまま預《あず》かってもらっていました。

「引《ひ》き取《と》っていっしょに暮《く》らしたい気持《きも》ちはやまやまだけれど、情《じょう》に任《まか》せていいのだろうか。われわれが落《お》ち着《つ》かない場所《ばしょ》に引《ひ》き取《と》っても、ペットは安《あん》心《しん》して暮《く》らせないのでは……。離《はな》れているのはさびしいけれど、元《もと》の生活《せいかつ》にもどれるときに、引《ひ》き取《と》ったほうがいい……」

「ペットがかわいそうだからとか、自分《じぶん》もさびしいからと言《い》って、無理《むり》に引《ひ》き取《と》っても、お互《たが》いにいいはずがない。自分《じぶん》たちの生活基盤《せいかつきばん》が、ちゃんと整《ととの》ってからのほうがいいんじゃないのか。それまでは、がまんしよう」

そんなふうに思《おも》いとどまった飼《か》い主《ぬし》も多《おお》かったのです。

でも、それは人間側《にんげんがわ》の考《かんが》え方《かた》です。飼《か》い主《ぬし》と離《はな》れた犬《いぬ》や猫《ねこ》たちの気持《きも》ちは、どうだったのでしょう。もし、言葉《ことば》が話《はな》せたら、何《なん》と言《い》いたかったのでしょう。

「どんながまんでもするから、そばにいさせて」

「みんなの顔《かお》が見《み》えるところ、声《こえ》が聞《き》こえるところにいたいんだよ」

「家族《かぞく》なんだから、苦《くる》しいときだって、いっしょだよ。いっしょに苦《くる》しみを乗《の》りこえていくよ」

家族《かぞく》の一員《いちいん》、人間《にんげん》のパートナーとして暮《く》らしてきた犬《いぬ》や猫《ねこ》は、もしかしたら、こんなふうに言《い》いたかったのかもしれません。

飼《か》い主《ぬし》が落《お》ち着《つ》いた環境《かんきょう》になるまで、犬《いぬ》と猫《ねこ》を待《ま》たせたほうがいいのでしょうか。それとも、いっしょにいることを何《なに》よりも優先《ゆうせん》し、不便《ふべん》ながらも励《はげ》まし合《あ》っていくほうがいいのでしょうか。犬《いぬ》と猫《ねこ》の幸《しあわ》せ、飼《か》い主《ぬし》の状況《じょうきょう》などを考《かんが》えると、一概《いちがい》にどちらがいいとは言《い》えないかもしれません。

けれども、犬《いぬ》や猫《ねこ》の寿命《じゅみょう》から考《かんが》えると、人間《にんげん》にとっての一年《ねん》は、犬《いぬ》や猫《ねこ》にとっては何倍《なんばい》も長《なが》く意味《いみ》のある時間《じかん》と言《い》えます。また、動物《どうぶつ》のいる暮《く》らしは、わたしたちの心《こころ》をいやし、豊《ゆた》かにしてくれます。悲《かな》しみを半分《はんぶん》にし、喜《よろこ》びを何倍《なんばい》にもしてくれます。

　動物《どうぶつ》にとっても、飼《か》い主《ぬし》とその家族《かぞく》といっしょにいることが、最《もっと》も幸《しあわ》せなことにちがいありません。いっしょにいたい人《ひと》といっしょにいられる幸《しあわ》せは、どんなに窮屈《きゅうくつ》な場所《ばしょ》でも、どんなに短《みじか》い時間《じかん》でもかまわないのです。

　犬《いぬ》や猫《ねこ》は、どんなにおいしいエサより、どんな仲間《なかま》と遊《あそ》ぶより、飼《か》い主《ぬし》のそばにいることを望《のぞ》んでいるのではないでしょうか。私《わたし》たちは、そんな動物《どうぶつ》たちの気持《きも》ちを忘《わす》れてはならないのではないでしょうか。

仮設住宅《かせつじゅうたく》のすぐ近《ちか》くに作《つく》られたペットの家《いえ》。

なお、仮設住宅《かせつじゅうたく》は、十三の市町村《しちょうそん》に約《やく》三千《ぜん》五百戸《ひゃっこ》が建設《けんせつ》され、三千《ぜん》世帯《せたい》の九千《せん》七百人《ひゃくにん》が入居《にゅうきょ》しました。そのうち、犬《いぬ》や猫《ねこ》、ウサギ、ハムスターなどのペットを連《つ》れて入居《にゅうきょ》した飼《か》い主《ぬし》は、およそ一割余《いちわりあま》り、約《やく》三百《びゃく》三十世帯《せたい》ほどでした。

地域《ちいき》によっては、仮設住宅《かせつじゅうたく》にペット専用《せんよう》の小屋《こや》がいっしょに建《た》てられたところもありました。でも、そこに入《はい》れたのは、全体《ぜんたい》の数《かず》から見《み》ると、ごく一部《いちぶ》のペットだけでした。

12　ハルを村《むら》に帰《かえ》そう

二〇〇五年《ねん》四月《がつ》。

新潟《にいがた》にもようやく遅《おそ》い春《はる》が訪《おとず》れました。縮《ちぢ》こまっていた大地《だいち》が背伸《せの》びをして、木々《きぎ》の芽《め》が出《で》てきました。

中越地方《ちゅうえつちほう》は地震後《じしんご》、十九年《ねん》ぶりの豪雪《ごうせつ》にみまわれました。地震《じしん》で傾《かたむ》いた家《いえ》や修理《しゅうり》が間《ま》に合《あ》わなかった家《いえ》が雪《ゆき》の重《おも》みでつぶれたり、傷《いた》んだ道路《どうろ》がさらに崩《くず》れたりするなど、地震《じしん》のつめあとに追《お》い打《う》ちをかけるように被害《ひがい》を広《ひろ》げていました。

山古志村《やまこしむら》にも、いつもの年《とし》より雪《ゆき》が多《おお》く降《ふ》り、まだ二メートルもの雪《ゆき》が残《のこ》っています。冬《ふゆ》の間《あいだ》、家《いえ》も道路《どうろ》も積《つ》もった雪《ゆき》に埋《う》もれていて、修理《しゅうり》も復旧《ふっきゅう》工事《こうじ》も手《て》がつけられませんでした。仮設住宅《かせつじゅうたく》に住《す》む村《むら》の人《ひと》たちは、春《はる》の訪《おとず》れを心待《こころま》ちにしていたのです。

やわらかい春《はる》の日《ひ》ざしが注《そそ》ぐ日《ひ》、山古志村《やまこしむら》の人《ひと》たちは、家族単位《かぞくたんい》で一時帰《いちじき》宅《たく》できることになりました。

樺沢《かばさわ》さんの家族《かぞく》も久《ひさ》しぶりにわが家《や》にもどり、圭介君《けいすけくん》、恒平君《こうへいくん》、直人君《なおとくん》に笑顔《えがお》がこぼれています。

「やっぱり、うちは居心地《いごこち》がいいなあ」

「早《はや》く、ここで暮《く》らしたいなあ」

うららかな日《ひ》ざしが、みんなを穏《おだ》やかな気持《きも》ちにさせてくれます。

お父《とう》さんとお母《かあ》さんが、家《いえ》の中《なか》の修理《しゅうり》や片付《かたづ》けをしている間《あいだ》、子《こ》どもたちはチボを捜《さが》しに行《い》きました。

「チボ~、帰《かえ》ったよ。出《で》ておいで~」

この日《ひ》も、夕方《ゆうがた》まで捜《さが》しましたが、姿《すがた》をあらわしませんでした。

五月《がつ》になると、定《さだ》められた日《ひ》にしかできなかった一時帰宅《いちじきたく》は、毎日認《まいにちみと》められるようになりました。避難《ひなん》指示《しじ》は出《で》たままですが、地震《じしん》からほぼ半年《はんとし》、ようやくどの日《ひ》でも、自分《じぶん》の家《いえ》に行《い》ったり来《き》たりできるようになったのです。ただし、許可証《きょかしょう》が必要《ひつよう》で、村《むら》に入《はい》る時間《じかん》と出《で》る時間《じかん》は決《き》められていました。チボが見《み》つからないまま、どんどん月日《つきひ》が過《す》ぎていきます。

六月初《がつはじ》め。梅雨《つゆ》をひかえた時期《じき》には珍《めずら》しく、胸《むね》がすくような青空《あおぞら》が広《ひろ》がっています。

樺沢《かばさわ》さんの家族《かぞく》は、みんなそろって一時帰宅《いちじきたく》し、田植《たう》えをしました。山古志村《やまこしむら》の農地《のうち》は、約八割《やくわり》が被害《ひがい》を受《う》けましたが、幸《さいわ》い、樺沢《かばさわ》さんの田《た》んぼの一部《いちぶ》は難《なん》を免《まぬが》れていました。

「田植《たう》えができない人《ひと》のためにもがんばらないと」と、お父《とう》さんは壊《こわ》れたあぜを直《なお》したり、用水路《ようすいろ》を整《ととの》えたりして、四月頃《がつごろ》から準備《じゅんび》を進《すす》めていました。

お父《とう》さんとお母《かあ》さんは、先祖代々《せんぞだいだい》受《う》け継《つ》がれてきた田《た》んぼで、田植《たう》えができる幸《しあわ》せをかみしめました。子《こ》どもたち三人《にん》は手伝《てつだ》いが終《お》わると、近《ちか》くの山《やま》をかけめぐり、トンボやカナヘビをつかまえては、自慢《じまん》げに見《み》せ合《あ》っています。

「見《み》て、三人《にん》とも楽《たの》しそう。仮設住宅《かせつじゅうたく》にいるときと、顔《かお》が違《ちが》う。こんなにも変《か》わるものかしらねえ」

お母《かあ》さんが目《め》を細《ほそ》めています。

「生《い》き生《い》きしているよなあ。やっぱり、山《やま》はいいんだなあ」

お父《とう》さんも手《て》を休《やす》めて、子《こ》どもたちの姿《すがた》を目《め》で追《お》っています。

「村《むら》に帰《かえ》れるのは来年《らいねん》の九月頃《がつごろ》だって……。でも、学校《がっこう》の建設《けんせつ》がそれまでに間《ま》に合《あ》うのかしら。一日《にち》も早《はや》く村《むら》にもどりたいけれど、子《こ》どもたちが学校《がっこう》に通《かよ》えないんじゃ、私《わたし》たちがもどるのは無理《むり》よね」

「そうだなあ。村《むら》を復興《ふっこう》させるには、まずは道路《どうろ》が先《さき》だ。道路《どうろ》が整備《せいび》されていないと、建設《けんせつ》に使《つか》う重機《じゅうき》も持《も》って来《こ》られないし、水道管《すいどうかん》なども通《とお》せない」

お父《とう》さんはこのとき、地震《じしん》で崩壊《ほうかい》した国道《こくどう》二九一号線《ごうせん》で法面工事《のりめんこうじ》の現場《げんば》監督《かんとく》をしていました。法面工事《のりめんこうじ》とは、山《やま》などを崩《くず》して道《みち》を切《き》り開《ひら》くとき、山《やま》を斜《なな》めに切《き》り取《と》り、その斜面《しゃめん》が崩《くず》れないようにする工事《こうじ》のことです。冬《ふゆ》の間《あいだ》は雪《ゆき》に閉《と》ざされて工事《こうじ》が進《すす》みませんでしたが、六月《がつ》になって、ようやく工事《こうじ》が軌道《きどう》に乗《の》ってきました。

村《むら》と近隣《きんりん》の町《まち》を結《むす》ぶ大《おお》きな道路《どうろ》を整備《せいび》したあとは、村《むら》の各集落《かくしゅうらく》を結《むす》ぶ道路《どうろ》も整《ととの》えなければなりません。崩《くず》れた土砂《どしゃ》で川《かわ》がせき止《と》められたため、水没《すいぼつ》した集落《しゅうらく》もあります。村《むら》の復興《ふっこう》までの道《みち》のりは、まだまだ長《なが》く容易《ようい》ではありません。

けれども、地震《じしん》で壊滅状態《かいめつじょうたい》になった村《むら》がよみがえり、少《すこ》しずつ元《もと》にもどりつつあります。仕事《しごと》を通《つう》じて、その様子《ようす》を目《ま》の当《あ》たりにしているお父《とう》さんは、村《むら》の力強《ちからづよ》い息吹《いぶき》を感《かん》じていました。

「そろそろ、ハルを引《ひ》き取《と》ろうか」

田植《たう》えから何日《なんにち》か過《す》ぎた日《ひ》の夕方《ゆうがた》。晩《ばん》ご飯《はん》の食卓《しょくたく》でお父《とう》さんが切《き》り出《だ》しました。

「引《ひ》き取《と》るって、この仮設住宅《かせつじゅうたく》に？」

子《こ》どもたちは、目《め》を丸《まる》くしています。

「いや、ここじゃなくて、山古志《やまこし》の家《いえ》にだよ」

「だって、ぼくたちは、まだ村《むら》には住《す》めないんだよ」

「先《さき》にハルに帰《かえ》ってもらおうと思《おも》うんだよ。留守番《るすばん》してもらうのさ」

「留守番《るすばん》？」

お父《とう》さんとお母《かあ》さんは、預《あず》かってもらっている動物病院《どうぶつびょういん》からハルを引《ひ》き取《と》って、先《さき》に帰宅《きたく》させようと考《かんが》えていました。

「動物病院《どうぶつびょういん》に会《あ》いにいくたび、ハルは太《ふと》っているだろう。気《き》になっていたんだ」

「ハルは食《く》いしんぼうだから、エサの食《た》べ過《す》ぎかもね。でも、たぶん、運動《うんどう》不足《ぶそく》なのよ。村《むね》にいたときは、自由《じゆう》に野山《のやま》を動《うご》き回《まわ》っていたんだものね」

「ハルは山古志《やまこし》で生《う》まれたんだ。元《もと》の自然《しぜん》に帰《かえ》してやったら喜《よろこ》ぶんじゃないかな」

「そうか……そうだよね。ハルが家《いえ》にいたら、チボだって帰《かえ》って来《く》るかもしれない」

「そうだよ。ハルがいたら、きっとチボは帰《かえ》ってくるよ」

これまで一時帰宅《いちじきたく》したときに、何度《なんど》も手分《てわ》けして捜《さが》しましたが、チボの姿《すがた》は、十一月末《がつすえ》にお父《とう》さんが見《み》たのを最後《さいご》に、だれも見《み》ていません。ハルがいたら、もどってくるかもしれないと、子《こ》どもたちの顔《かお》が急《きゅう》に明《あか》るくなりました。

「エサや水《みず》は、お父《とう》さんが向《む》こうで世話《せわ》できる。それは心配《しんぱい》いらないよ」

「うん、そうしよう。それがいい」

「そうか。もっと早《はや》く、そうしたらよかったね」

子《こ》どもたちも大賛成《だいさんせい》です。

お父《とう》さんは、前《まえ》の年《とし》の十一月末《がつすえ》の出来事《できごと》を、時々《ときどき》思《おも》い出《だ》していました。家《いえ》の裏《うら》にたたずむチボの姿《すがた》は、幻《まぼろし》なんかではありません。あの時《とき》のさびしそうな姿《すがた》、おびえたような表情《ひょうじょう》が頭《あたま》から離《はな》れないのです。すぐ迎《むか》えに来《き》てくれるんじゃなかったの？

「すぐもどって来《く》るんじゃなかったの？」

チボの目《め》は、そう訴《うった》えているようにも見《み》えました。

そばに来《き》て甘《あま》えることもなく、自分《じぶん》の飼《か》い猫《ねこ》ではないみたいによそよそしく、すぐに逃《に》げて行《い》ってしまったのが、気《き》になっていました。

（あの地震《じしん》の恐《おそ》ろしさ、今《いま》でも続《つづ》く余震《よしん》に、チボはおびえているのか。それとも……置《お》き去《ざ》りにされたさびしさ、取《と》り残《のこ》された悲《かな》しみが、チボの心《こころ》を変《か》えてしまったのか……。いつまで待《ま》っても帰《かえ》って来《こ》ないわれわれに、心《こころ》の扉《とびら》を閉《と》ざしてしまったのだろうか……）

チボは、どこで、どうしているのでしょうか。ハルがいなくなった後《あと》、四メートルもの深《ふか》い雪《ゆき》の中《なか》を、生《い》き延《の》びることができたのでしょうか。

お父《とう》さんは、木枯《こが》らしの中《なか》にたたずんでいたチボの姿《すがた》を思《おも》い出《だ》すと、胸《むね》がしめつけられそうになります。飼《か》い主《ぬし》としての責任《せきにん》を果《は》たせずに、苦《くる》しい思《おも》いをさせたチボに、心《こころ》の中《なか》であやまるしかありません。

今《いま》、動物病院《どうぶつびょういん》に預《あず》けられているハルはどうでしょう。病院《びょういん》のスタッフやボランティアの人《ひと》たちが、かいがいしく世話《せわ》をしてくれていますが、山育《やまそだ》ちのハルにとって、幸《しあわ》せと言《い》い切《き》れるでしょうか。

お父《とう》さんは子《こ》どもたちにも、ハルだったらどうしたいか、ハルが幸《しあわ》せなのはどっちだろうかと、考《かんが》えてほしいと思《おも》いました。

「ハルだって、ぼくたちといっしょに暮《く》らせる日《ひ》を待《ま》っているよ」

「ここで、いっしょに暮《く》らせないなら、先《さき》に山古志《やまこし》に帰《かえ》してやったほうが、ハルも喜《よろこ》ぶよ。そうしてやろうよ」

みんなの考《かんが》えは一つでした。

それからまもなく、ハルは動物病院《どうぶつびょういん》から引《ひ》き取《と》られ、みんなより一足《ひとあし》先《さき》に、山古志村《やまこしむら》のわが家《や》に帰《かえ》りました。そこで、みんなを待《ま》ってもらうことにしたのです。

「ハル、留守番頼《るすばんたの》んだよ。お父《とう》さんが様子《ようす》を見《み》に来《く》るからね。心配《しんぱい》ないよ」

「チボを見《み》つけるんだぞ。ハルのお母《かあ》さんなんだからね」

「元気《げんき》でね」

心配《しんぱい》はつきませんが、ハルのため、チボのために考《かんが》えたことです。みんなで決《き》めた、しばしの別《わか》れを、ハルもきっとわかってくれるはずです。

「連《つ》れて来《き》てくれて、ありがとう。ぼく、ここで、お母《かあ》さんを捜《さが》すよ」

次々《つぎつぎ》に話《はな》しかける子《こ》どもたちを見《み》つめるハルの目《め》が、そう言《い》っているように見《み》えました。

ハルは、車庫《しゃこ》の中《なか》で、お気《き》に入《い》りのエサを食《た》べると、裏《うら》の畑《はたけ》のほうに向《む》かいました。野山《のやま》に通《つう》じる道《みち》も、木《き》や草《くさ》の香《かお》りも、前《まえ》と変《か》わっていません。自由気《じゆうき》ままに動《うご》けるようになったハルは、とてもうれしそうです。もしかしたら、お母《かあ》さんのチボのにおいがしたのかもしれません。

山《やま》古《こ》志《し》村《むら》にもどり、自宅《じたく》の車庫《しゃこ》でエサを食《た》べるハル。

13　一年《ねん》十ヵ月《げつ》ぶりの帰宅《きたく》

夏《なつ》、ギラギラと照《て》りつけるお日様《ひさま》をよけて、ハルは木陰《こかげ》でうたたねをしています。

秋《あき》、山《やま》に残《のこ》った木々《きぎ》が黄色《きいろ》や赤《あか》に染《そ》まり、西日《にしび》を受《う》けたハルの背中《せなか》の毛《け》が、黄金色《こがねいろ》に輝《かがや》いています。

冬《ふゆ》、しんしんと降《ふ》り積《つ》もる雪《ゆき》の上《うえ》に、ハルの足跡《あしあと》がくっきりと残《のこ》っています。

春《はる》、日《ひ》なたぼっこをするハルの体《からだ》の上《うえ》を、ちょうちょうがひらひら飛《と》んでいきます。

季節《きせつ》の移《うつ》り変《か》わりに合《あ》わせ、ハルは居心地《いごこち》のいい場所《ばしょ》を見《み》つけ、のんびり気《き》ままに過《す》ごしていました。山古志村《やまこしむら》の豊《ゆた》かな自然《しぜん》を、みんなの分《ぶん》まで楽《たの》しんでいるようでした。

ハルは心《こころ》なしか、体《からだ》もきりっと引《ひ》き締《し》まったように見《み》えます。お父《とう》さんがちょくちょく様子《ようす》を見《み》に来《き》てくれるので、また置《お》き去《ざ》りにされたのではないということがわかって、安心《あんしん》しているように思《おも》われました。お父《とう》さんも、そんなハルの姿《すがた》を見《み》るたび、幸《しあわ》せな気分《きぶん》に浸《ひた》ることができました。

そして、また夏《なつ》がめぐって来《き》ました。

二〇〇六年《ねん》八月《がつ》十五日《にち》。

山古志村《やまこしむら》の空高《そらたか》く、入道雲《にゅうどうぐも》がムクムクと広《ひろ》がっています。セミの声《こえ》が力強《ちからづよ》く聞《き》こえています。

「ただいま〜。帰《かえ》ったよ〜」

「ハル、ただいま〜。ハル〜、どこにいるの〜」

圭介君《けいすけくん》、恒平君《こうへいくん》に続《つづ》いて、直人君《なおとくん》も元気《げんき》に声《こえ》を出《だ》しました。

です。

「ハル～～、おいで～～」

地震《じしん》から一年《ねん》十ヵ月《げつ》ぶりに、家族《かぞく》そろって、山古志村《やまこしむら》の家《いえ》に帰《かえ》って来《き》たのです。

裏《うら》の畑《はたけ》にいたのでしょうか。ハルは「お帰《かえ》り～。待《ま》っていたよ～」とでも言《い》いたげに、家《いえ》の後《うし》ろのほうから小走《こばし》りであらわれました。

「ニャ～～、ニャ～～」

「ハル～～。元気《げんき》だった？」

直人君《なおとくん》が抱《だ》きかかえ、ほおずりしています。みんなの声《こえ》を聞《き》きつけて、あわててかけつけて来《き》たハルがかわいくて仕方《しかた》がありません。お母《かあ》さんも元気《げんき》そうなハルを見《み》て、ほっと胸《むね》をなでおろしました。

一時帰宅《いちじきたく》が認《みと》められてから、一ヵ月《げつ》に一回《かい》は、家《いえ》の片付《かたづ》けのために帰《かえ》っていましたが、ようやく、みんないっしょに住《す》めるようになったのです。

風呂場《ふろば》と台所《だいどころ》の修理《しゅうり》が終《お》わり、トイレはまだ直《なお》っていなかったものの、子《こ》どもたちが夏休《なつやす》み中《ちゅう》に帰《かえ》りたいというので、不便《ふべん》を承知《しょうち》のうえでもどったの

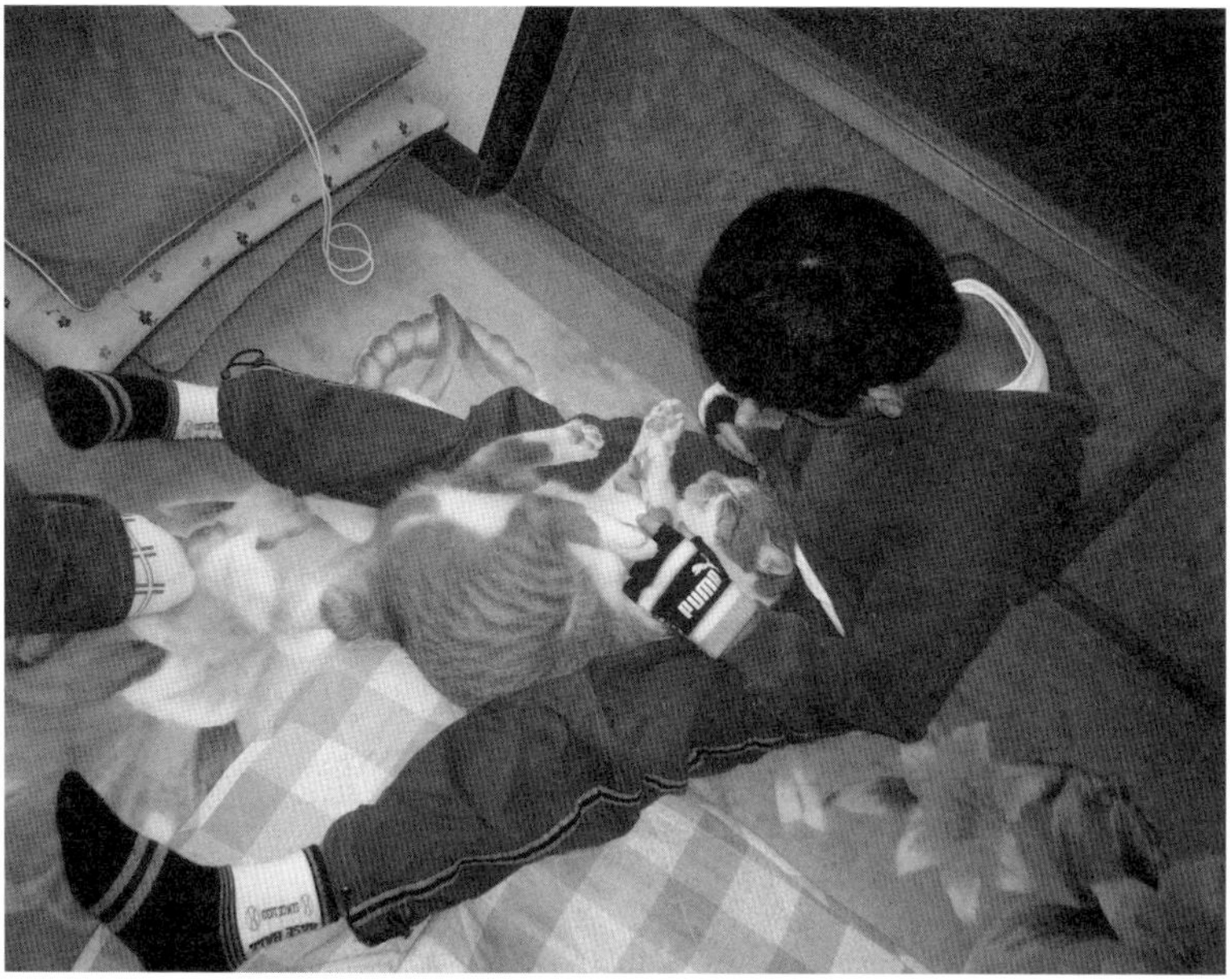

じゃれつくハルと遊《あそ》ぶ直人君《なおとくん》。

です。トイレを修理《しゅうり》している間《あいだ》は、外《そと》に仮設《かせつ》トイレを置《お》いてしのぐつもりです。

また、学校《がっこう》はまだ建設中《けんせつちゅう》なので、しばらくは、間借《まが》りしている長岡《ながおか》市《し》の学校《がっこう》に通《かよ》うことになっていますが、通学《つうがく》は時間《じかん》がかかって大変《たいへん》です。子《こ》どもたちが三人《にん》とも、わが家《や》から通《かよ》うほうがいいと決《き》めたのです。

生《う》まれたときから住《す》んでいる、たくさんの思《おも》い出《で》の詰《つ》まった家《いえ》に、一日《にち》も早《はや》くもどりたいと、今日《きょう》のこの日《ひ》を待《ま》ち望《のぞ》んでいました。

十月末《がつすえ》。地震《じしん》からちょうど二年《ねん》となり、また紅葉《こうよう》の季節《きせつ》がめぐってきました。

地震《じしん》で山古志村《やまこしむら》の小学校《しょうがっこう》も中学校《ちゅうがっこう》も全壊《ぜんかい》したため、新《あたら》しく建設《けんせつ》されていた校舎《こうしゃ》がようやく完成《かんせい》しました。新《あたら》しい校舎《こうしゃ》は、小学校《しょうがっこう》と中学校《ちゅうがっこう》がいっしょになった建物《たてもの》で、一階《かい》に体育館《たいいくかん》があり、二階《かい》が小学校《しょうがっこう》、三階《がい》が中学校《ちゅうがっこう》になっています。木《き》の香《かお》りが広《ひろ》がる校舎《こうしゃ》に、子《こ》どもたちの元気《げんき》な声《こえ》が響《ひび》いています。

地震《じしん》が起《お》きたとき、小学《しょうがく》二年生《ねんせい》だった直人君《なおとくん》は四年生《ねんせい》に、小学《しょうがく》六年生《ねんせい》だった恒平君《こうへいくん》は中学《ちゅうがく》二年生《ねんせい》に、そして、中学《ちゅうがく》一年生《ねんせい》だった圭介君《けいすけくん》は三年生《ねんせい》になりました。

村全体《むらぜんたい》として見《み》ると、まだ完全《かんぜん》な復興《ふっこう》とは言《い》えませんが、ようやく家族《かぞく》そろっての暮《く》らしが落《お》ち着《つ》き、幼《おさな》なじみとの学校生活《がっこうせいかつ》が始《はじ》まりました。子《こ》どもたちがもどってきて、村《むら》は急《きゅう》に明《あか》るく、にぎやかになりました。

その日《ひ》の夕方《ゆうがた》。お父《とう》さんの帰《かえ》りを待《ま》って、晩《ばん》ご飯《はん》が始《はじ》まりました。新《あたら》しい学校《がっこう》のこと、友《とも》だちのこと、先生《せんせい》のことなど、子《こ》どもたちが先《さき》を争《あらそ》うようにして話《はな》し始《はじ》めました。新《あたら》しい校舎《こうしゃ》での第《だい》一日目《にちめ》は、どんなに楽《たの》しかったことでしょう。子《こ》どもたちの目《め》が生《い》き生《い》きしています。

そんな子《こ》どもたちの話《はなし》に耳《みみ》を傾《かたむ》けるお父《とう》さんもお母《かあ》さんも、うれしくて仕《し》方《かた》がありません。家族《かぞく》みんながいっしょにいる、そんなあたりまえの暮《く》らしに、十分《じゅうぶん》、幸《しあわ》せを感《かん》じていました。ハルも、リビングのお気《き》に入《い》りのクッションに寝《ね》そべって、みんなの笑顔《えがお》を見《み》つめています。

「あっ、猫《ねこ》の声《こえ》……」

直人君《なおとくん》が、玄関《げんかん》にかけだしました。

「何《なに》か聞《き》こえた？」

お母《かあ》さんも耳《みみ》をそばだてています。けれども、何《なに》も聞《き》こえません。

「いたか～？」

「チボなのか～？」

恒平君《こうへいくん》と圭介君《けいすけくん》が、外《そと》にいる直人君《なおとくん》に呼《よ》びかけます。でも、返事《へんじ》がありません。そして、直人君《なおとくん》ががっかりした顔《かお》でもどってきました。

「いなかった。でも、チボの声《こえ》だったんだよ……」

何度《なんど》、繰《く》り返《かえ》されてきたことでしょう。

猫《ねこ》の声《こえ》が聞《き》こえるたびに、だれかが外《そと》に見《み》に行《い》き、そして、がっかりしてもどって来《く》る……そんなことの繰《く》り返《かえ》しでした。

しょんぼりした直人君《なおとくん》が食卓《しょくたく》にもどると、クッションの上《うえ》にいたハルが、おもむろに動《うご》き出《だ》しました。

「ニャ〜〜ン」

食卓《しょくたく》の下《した》に入《はい》ったかと思《おも》うと、直人君《なおとくん》の足《あし》に何度《なんど》も体《からだ》をすり寄《よ》せ、そっと足元《あしもと》に丸《まる》くなりました。まるで、「元気出《げんきだ》して」と、なぐさめているかのようです。

チボは、お父《とう》さんが姿《すがた》を見《み》た冬《ふゆ》を最後《さいご》に、行方《ゆくえ》がわからないままです。ハルを先《さき》に帰宅《きたく》させても、一時帰宅《いちじきたく》の時《とき》にどんなに捜《さが》しても、チボは姿《すがた》をあらわしません。そして、みんながこの家《いえ》で暮《く》らすようになってからも、見《み》つかっていません。

けれども、だれも、あきらめてはいません。チボはどこかで生《い》きていて、きっと、この家《いえ》にもどって来《く》るのだと信《しん》じています。

県《けん》の職員《しょくいん》に保護《ほご》された猫《ねこ》の中《なか》には、飼《か》われていた家《いえ》から二キロメートルも離《はな》れた場所《ばしょ》で見《み》つかった猫《ねこ》もいると聞《き》きました。四年《ねん》も経《た》ってから家《いえ》にもどって来《き》た猫《ねこ》がいるという話《はなし》を、本《ほん》で読《よ》んだこともあります。

「チボは、必《かなら》ず帰《かえ》ってくる。どんなに時間《じかん》がかかったって、この家《いえ》にもどってくるはずだ。絶対《ぜったい》、どこかで生《い》きているよ」

みんな、いつまでだって、待《ま》つつもりです。

そして、今度《こんど》、何《なに》かあったとき、みんなの気持《きも》ちは一つに決《き》まっています。

「どんなことがあっても、絶対《ぜったい》、置《お》き去《ざ》りになんかしないし、ひとりぼっちにはさせない。ハルもチボも、絶対《ぜったい》に、みんなで守《まも》ってやるんだ」と。

14　被災《ひさい》動物《どうぶつ》が教《おし》えてくれたこと

新潟県中越地震《にいがたけんちゅうえつじしん》は内陸部《ないりくぶ》の直下型地震《ちょっかがたじしん》で、震源《しんげん》が十三キロメートルと浅《あさ》かったため、その被害《ひがい》は、新潟県《にいがたけん》の広《ひろ》い範囲《はんい》の市町村《しちょうそん》にわたりました。その被災地《ひさいち》で飼《か》われていた犬《いぬ》と猫《ねこ》の数《かず》は、およそ五千匹《せんびき》と言《い》われています。

飼《か》い主《ぬし》といっしょにヘリコプターに乗《の》って避難《ひなん》できなかった動物《どうぶつ》、避難所《ひなんじょ》に入《はい》れなかった動物《どうぶつ》、仮設住宅《かせつじゅうたく》に飼《か》い主《ぬし》といっしょに住《す》めなかった動物《どうぶつ》――動物《どうぶつ》たちの立場《たちば》、また、動物《どうぶつ》たちを取《と》りまく環境《かんきょう》はとても厳《きび》しく、動物《どうぶつ》たちの居場所《いばしょ》がなくなりました。

このように、やむをえない事情《じじょう》で飼《か》い主《ぬし》と離《はな》ればなれになり、つらい日々《ひび》を過《す》ごした動物《どうぶつ》は、どれだけの数《かず》に上《のぼ》ったのでしょうか。

無事《ぶじ》に保護《ほご》された猫《ねこ》。（写真上）
無人《むじん》の山古志村《やまこしむら》で、さまよう犬《いぬ》を抱《だ》き上げる職員《しょくいん》。（写真下）

華《はな》やかなペットブームの中《なか》、ペットを飼《か》う人《ひと》が増《ふ》え、ペットが家族《かぞく》の一員《いちいん》として認《みと》められつつあります。動物《どうぶつ》のいる暮《く》らしについて、社会《しゃかい》の理解《りかい》が得《え》られているように見《み》えます。けれども、実際《じっさい》には、いろいろな問題《もんだい》が次々《つぎつぎ》に浮《う》きぼりになりました。

動物《どうぶつ》への配慮《はいりょ》がないがしろにされ、対応《たいおう》が後回《あとまわ》しにされたのは、どうしてでしょう。この社会《しゃかい》が、人間《にんげん》の価値観《かちかん》や都合《つごう》を優先《ゆうせん》させた、人間中心《にんげんちゅうしん》のものだからではないでしょうか。

地震《じしん》の後《あと》、被災地《ひさいち》の長岡市《ながおかし》と小千谷市《おぢやし》では、ペットを飼《か》っているという理由《りゆう》で公営住宅《こうえいじゅうたく》に入《はい》れない被災者《ひさいしゃ》のために、ペットも同居《どうきょ》できる公営住宅《こうえいじゅうたく》が新《あら》たに建設《けんせつ》されました。今回《こんかい》の地震《じしん》を教訓《きょうくん》に、人《ひと》と動物《どうぶつ》が共生《きょうせい》できる暮《く》らしづくりが、ようやく始《はじ》まったのです。

日本《にほん》は世界《せかい》でも地震《じしん》の多《おお》い国《くに》の一《ひと》つです。今年《ことし》（二〇〇七年《ねん》）になってから、三月《がつ》には能登半島地震《のとはんとうじしん》、そして、七月《がつ》には新潟県中越沖地震《にいがたけんちゅうえつおきじしん》が起《お》きました。震度《しんど》六に達《たっ》するような大《おお》きな地震《じしん》は、日本中《にほんじゅう》どこでも起《お》きる可能性《かのうせい》があるのです。ただし、いつ、どこで地震《じしん》が起《お》きるのかは、だれにもわかりません。

地震《じしん》そのものを止《と》めることはできませんが、被害《ひがい》を少《すこ》しでも減《へ》らすにはどうしたらいいか、考《かんが》えておくことはできます。そして、地震《じしん》のような自然《しぜん》災害《さいがい》が起《お》きたときに、動物《どうぶつ》たちをどのように守《まも》ればいいのか、前《まえ》もって備《そな》えておくことはできるはずです。

人間《にんげん》と動物《どうぶつ》がいっしょに暮《く》らしていくため、私《わたし》たちができることは数多《かずおお》くあります。今《いま》こそ、動物《どうぶつ》たちのことを真剣《しんけん》に考《かんが》え、災害《さいがい》が起《お》きた場合《ばあい》でも、動物《どうぶつ》といっしょに生活《せいかつ》できるような環境《かんきょう》づくりに向《む》かって、できることから実行《じっこう》していく必要《ひつよう》があります。

災害《さいがい》は何《なん》の前触《まえぶ》れもなく突然《とつぜん》襲《おそ》い、私《わたし》たちの大切《たいせつ》なものを奪《うば》っていきます。その災害《さいがい》に備《そな》えて、飼《か》い主自身《ぬしじしん》が、日頃《ひごろ》から考《かんが》えておいたり準備《じゅんび》したりすべきこともたくさんあります。もし、あなたがペットを飼《か》っているなら、災害《さいがい》が起《お》きて避難《ひなん》しなければならないとき、その犬《いぬ》や猫《ねこ》をどうするでしょうか。
・ケージやクレートに入《い》れて、避難所《ひなんじょ》に連《つ》れて行《い》けますか。
・その避難所《ひなんじょ》は、ペット連《づ》れを許可《きょか》してくれますか。
・避難所《ひなんじょ》に持《も》って行《い》くエサや水《みず》は用意《ようい》していますか。
・身元《みもと》がわかる迷子札《まいごふだ》をつけていますか。
・みんなの迷惑《めいわく》にならないよう、きちんとしつけがされていますか。
・ほかのペットと集団生活《しゅうだんせいかつ》ができるような社会性《しゃかいせい》が身《み》についていますか。
・避難所《ひなんじょ》には知《し》らない人《ひと》がたくさんいますが、あなたの犬《いぬ》はほえませんか。
・狂犬病予防注射《きょうけんびょうよぼうちゅうしゃ》や混合《こんごう》ワクチンの接種《せっしゅ》をしていますか。

さあ、どうでしょうか。きちんと答《こた》えられたでしょうか。人《ひと》と動物《どうぶつ》がいっしょに暮《く》らしていくためには、飼《か》い主《ぬし》の考《かんが》え方《かた》や責任《せきにん》が大《おお》きく問《と》われることになります。

最後《さいご》に、この新潟県中越地震《にいがたけんちゅうえつじしん》で、不幸《ふこう》な立場《たちば》に置《お》かれた犬《いぬ》や猫《ねこ》たちが、身《み》をもって私《わたし》たちに教《おし》えてくれたこと――「人間《にんげん》と動物《どうぶつ》の絆《きずな》」「人間《にんげん》と動物《どうぶつ》のあるべき本来《ほんらい》の姿《すがた》」に、私《わたし》たちは真剣《しんけん》に向《む》き合《あ》っていかなければなりません。自然災害《しぜんさいがい》が起《お》きたとき、動物《どうぶつ》を飼《か》っているかどうかにかかわらず、だれのそばにも、助《たす》けを必要《ひつよう》とする動物《どうぶつ》が出《で》てきます。ひとりひとりの自覚《じかく》と理解《りかい》があって、はじめて、不幸《ふこう》な動物《どうぶつ》を減《へ》らすことにつながるのです。そして、それがまとまって大《おお》きな輪《わ》になったとき、動物《どうぶつ》が幸《しあわ》せに暮《く》らせる社会《しゃかい》になるはずです。

人《ひと》と動物《どうぶつ》の関係《かんけい》は、私《わたし》たちが動物《どうぶつ》の幸《しあわ》せをどこまで思《おも》いやれるのか、といったことをはじめとして、すべて、私《わたし》たちの気持《きも》ちにかかっていると言《い》っても言《い》い過《す》ぎではありません。

動物《どうぶつ》とふれあう中《なか》で、動物《どうぶつ》たちの気持《きも》ち、そして、動物《どうぶつ》たちが何《なに》を望《のぞ》んでいるのかを理解《りかい》しようという気持《きも》ちがあれば、動物《どうぶつ》といっしょに歩《あゆ》む道《みち》が自《おの》ずと見《み》えてくるのではないでしょうか。

（おわり）

もうひとつの物語《ものがたり》

「ぼくたち、幸《しあわ》せに暮《く》らしているよ」
新《あたら》しい飼《か》い主《ぬし》に引《ひ》き取《と》られた被災動物《ひさいどうぶつ》たち

〈被災《ひさい》動物《どうぶつ》の譲渡会《じょうとかい》〉

二〇〇四年《ねん》十二月下旬《がつげじゅん》。

新潟県中越地震《にいがたけんちゅうえつじしん》から二ヵ月後《げつご》、中越地方《ちゅうえつちほう》では災害《さいがい》に追《お》い打《う》ちをかけるかのように、十九年《ねん》ぶりの大雪《おおゆき》にみまわれていました。けれども、雪《ゆき》に閉《と》ざされてからも、置《お》き去《ざ》りにされた動物《どうぶつ》の救援活動《きゅうえんかつどう》は、休《やす》むことなく続《つづ》けられました。

県《けん》の動物保護管理《どうぶつほごかんり》センターの職員《しょくいん》たちは、除雪《じょせつ》された道路《どうろ》を車《くるま》で行《い》けるところまで行《い》き、それからは腰《こし》までの雪《ゆき》をかきわけるようにして集落《しゅうらく》へ向《む》かいます。行《い》き場《ば》を失《うしな》った動物《どうぶつ》のためにエサと水《みず》を運《はこ》んだり、また、ケージに保《ほ》護《ご》したりする作業《さぎょう》に全力《ぜんりょく》を尽《つ》くしました。

保《ほ》護《ご》した動物《どうぶつ》はおよそ百匹《ひゃっぴき》。ペットの犬《いぬ》は、飼《か》い主《ぬし》が一時《いちじ》帰宅《きたく》のときに見《み》つけ、避難所《ひなんじょ》や仮設《かせつ》住宅《じゅうたく》に連《つ》れて来《き》ていたので、職員《しょくいん》の手《て》で保護《ほご》したのは、猫《ねこ》がほとんどでした。

二〇〇五年《ねん》三月《がつ》。

山古志村《やまこしむら》や近隣《きんりん》の被災地《ひさいち》で保護《ほご》したものの飼《か》い主《ぬし》が見《み》つからなかった猫《ねこ》、家《いえ》が壊《こわ》れて飼《か》い主《ぬし》が引《ひ》っ越《こ》しをするために手放《てばな》さざるを得《え》なかった犬《いぬ》や猫《ねこ》が九十匹《ひき》に上《のぼ》り、ペットの「譲渡会《じょうとかい》」が開《ひら》かれることになりました。

地震《じしん》から五ヵ月《げつ》が過《す》ぎ、被災地《ひさいち》の周辺《しゅうへん》では、元《もと》の生活《せいかつ》に落《お》ち着《つ》いた人《ひと》も多《おお》いことから、引《ひ》き取《と》りを希望《きぼう》する人《ひと》に新《あたら》しい飼《か》い主《ぬし》になってもらうことにしたのです。

魚沼市《うおぬまし》、新潟市《にいがたし》、長岡市《ながおかし》などで開《ひら》かれた譲渡会《じょうとかい》には、テレビのニュースや新聞《しんぶん》で知《し》った人《ひと》が大勢《おおぜい》詰《つ》めかけ、犬《いぬ》三匹《びき》と猫《ねこ》三十一匹《ぴき》に新《あたら》しい飼《か》い主《ぬし》が見《み》つかりました。子猫《こねこ》だけではなく、譲渡《じょうと》がむずかしいと見《み》られていた、あまり若《わか》くない猫《ねこ》にも、次々《つぎつぎ》に引《ひ》き取《と》り手《て》があらわれました。

「被災《ひさい》した動物《どうぶつ》の後《うし》ろには被災者《ひさいしゃ》がいる。被災者《ひさいしゃ》には、これ以上《いじょう》心労《しんろう》を与《あた》えたくない。みんなに新《あたら》しい飼《か》い主《ぬし》が見《み》つかるまで、最後《さいご》の一匹《ぴき》まで見捨《みす》てはしない」

職員《しょくいん》たちは、山古志村《やまこしむら》で置《お》き去《ざ》りにされた犬《いぬ》や猫《ねこ》にエサをやったり、保護《ほご》したりするばかりではなく、このように新《あたら》しい飼《か》い主探《ぬしさが》しにも奔走《ほんそう》しました。

そして、職員《しょくいん》たちの動物《どうぶつ》を思《おも》う気持《きも》ちは、地元《じもと》の人《ひと》たちにも届《とど》き、支援《しえん》の輪《わ》が大《おお》きく広《ひろ》がることになりました。

＊かけがえのない家族《かぞく》になった「ロッキー」……柏崎市《かしわざきし》

犬《いぬ》のロッキーは長岡市《ながおかし》で行《おこ》なわれた譲渡会《じょうとかい》で、柏崎市《かしわざきし》の小林勝幸《こばやしかつゆき》さん・千《ち》晶《あき》さんの家族《かぞく》に引《ひ》き取《と》られることが決《き》まりました。元《もと》の飼《か》い主《ぬし》は小千谷市《おぢやし》で被災《ひさい》し、引《ひ》っ越《こ》すことになったため、ロッキーが飼《か》えなくなってしまったのです。

小学《しょうがく》三年生《ねんせい》だった空《そら》ちゃんは、両親《りょうしん》と弟《おとうと》の凪君《なぎくん》と四人《にん》で、譲渡会場《じょうとかいじょう》に行《い》きました。

「見《み》て、見《み》て。このワンちゃん、私《わたし》の顔《かお》を見《み》たとたんにゴロンと寝《ね》て、お腹《なか》を見《み》せたのよ。なでてほしいのかなあ。かわいいね」

ロッキーは八才《さい》で、犬《いぬ》としてはあまり若《わか》くはないせいか、新《あたら》しい飼《か》い主《ぬし》が見《み》つかっていませんでした。体《からだ》が大《おお》きめで、りりしい顔《かお》つきのオスですが、人《ひと》なつっこく、甘《あま》えんぼうです。

「ロッキーっていうの？　強《つよ》そうな、いい名前《なまえ》だね。かっこいいね」

「ク～ン」

一目《ひとめ》で心《こころ》が通《つう》じ合《あ》ったようです。その様子《ようす》に、お父《とう》さんもお母《かあ》さんも、動物《どうぶつ》好《ず》きな空《そら》ちゃんの気持《きも》ちがすぐにわかりました。

ロッキーを引《ひ》き取《と》った後《あと》、空《そら》ちゃんは学校《がっこう》が終《お》わると、急《いそ》いで帰《かえ》って来《く》るようになりました。ロッキーは足音《あしおと》でわかるのか、しっぽがちぎれるのではないかというくらいブルンブルンと振《ふ》って、今《いま》か今《いま》かと落《お》ち着《つ》きません。

「ただいま〜、ロッキー！」

「ワン、ワァ〜ン！」

ロッキーは、「お帰《かえ》り、待《ま》ってたよ〜」と大喜《おおよろこ》び。そんな空《そら》ちゃんとロッキーの絆《きずな》に、お父《とう》さんもお母《かあ》さんも目《め》を細《ほそ》めています。

「さびしがりやで甘《あま》えっ子《こ》。きっと、前《まえ》の飼《か》い主《ぬし》さんに大事《だいじ》にされていたのね」

「前《まえ》の飼《か》い主《ぬし》さんは、飼《か》いたくても飼《か》えない事情《じじょう》があったんだ。どんなにつらかったことか。その分《ぶん》、ここで、ロッキーを幸《しあわ》せにしてやろう」

小林《こばやし》さん家族《かぞく》に引《ひ》き取《と》られて四ヵ月後《げつご》のこと。朝早《あさはや》く、玄関《げんかん》の外《そと》の階段《かいだん》に、ロッキーの姿《すがた》が見《み》えました。

「えっ、ロッキー、どうして、ここにいるの？」

小林《こばやし》さん家族《かぞく》に囲《かこ》まれ、ごきげんのロッキー。

お母《かあ》さんはびっくりして、みんなを呼《よ》びました。

ロッキーは夜《よる》、一階《かい》の車庫《しゃこ》の中《なか》につながれていましたが、リードが外《はず》れてしまったようです。だれもが寝《ね》ている夜《よる》から朝《あさ》にかけてのこと。逃《に》げようと思《おも》えば、自由《じゆう》に、どこにでも逃《に》げられたはずです。

「ロッキーは、うちの子《こ》になったのね。リードが外《はず》れちゃったよう、どうしたらいいのと、みんなに知《し》らせに来《き》てくれたんだもの……」

お母《かあ》さんは、ロッキーの気持《きも》ちがうれしくて、涙《なみだ》が込《こ》み上《あ》げてきてどうしようもありません。空《そら》ちゃんと凪君《なぎくん》は、階段《かいだん》でおすわりをして待《ま》っていたロッキーの体《からだ》を、何度《なんど》も何度《なんど》もなでてやりました。

「ロッキーは、いい子《こ》だね。えらいよ、ロッキー」

ロッキーにとって、頼《たよ》れるのは小林《こばやし》さん家族《かぞく》だけとなり、小林《こばやし》さん家族《かぞく》にとっても、ロッキーはかけがえのない家族《かぞく》の一員《いちいん》となっていたのです。

＊乳《にゅう》がんを手術《しゅじゅつ》し元気《げんき》になった「さくら」……長岡市《ながおかし》

地震《じしん》で自宅《じたく》の一部《いちぶ》が壊《こわ》れた長岡市《ながおかし》の滝沢《たきざわ》キミ子《こ》さんは、前《まえ》の年《とし》、二十年間《ねんかん》飼《か》っていた、オス猫《ねこ》のチョコが血液《けつえき》のガンで死《し》んでしまい、さびしい思《おも》いをしていました。

新聞《しんぶん》で譲渡会《じょうとかい》があることを知《し》り、会場《かいじょう》が近《ちか》いことから、ちょっとのぞいてみようかという気持《きも》ちで訪《おとず》れてみました。

滝沢《たきざわ》さんに抱《だ》っこされたさくら。

「ニャオ、ニャオ、ニャ〜オ」

並《なら》んだケージの中で、一番《いちばん》大《おお》きく元気《げんき》な声《こえ》で鳴《な》いていたのが、三才《さい》のメス猫《ねこ》です。真《ま》っ白《しろ》な毛《け》が輝《かがや》き、青《あお》い目《め》の涼《すず》しげな顔《かお》に、思《おも》わず見《み》とれてしまいました。最愛《さいあい》の猫《ねこ》を亡《な》くした傷《きず》が癒《い》えつつあった滝沢《たきざわ》さんに、新《あたら》しい猫《ねこ》を飼《か》ってみようかと思《おも》わせるのに、そんなに時間《じかん》はかかりませんでした。

三月《がつ》に引《ひ》き取《と》ったこと、ピンクの首輪《くびわ》が似合《にあ》っていたことなどから、滝沢《たきざわ》さんが名《な》づけた「さくら」は、すぐに慣《な》れて、甘《あま》えるようになりました。鶏《とり》のササミが大好物《だいこうぶつ》で、いつもおねだりをします。

引《ひ》き取《と》って三ヵ月後《げつご》、滝沢《たきざわ》さんは、さくらの乳首《ちくび》が異常《いじょう》にふくらんでいるのを見《み》つけました。

「何《なに》、これ……さくら、痛《いた》くないの？」

そっとさわりながら、さくらの表情《ひょうじょう》を見《み》ます。心配《しんぱい》になった滝沢《たきざわ》さんが病院《びょういん》に連《つ》れて行《い》くと、乳《にゅう》がんであることがわかりました。発見《はっけん》が早《はや》かったため、手術《しゅじゅつ》で切《き》ってもらい、なんとか回復《かいふく》して退院《たいいん》しました。

「痛《いた》かったよね。苦《くる》しかったよね。よくがんばったね……」

「ニャ～オ」

動物病院《どうぶつびょういん》から帰《かえ》ったさくらは、手術《しゅじゅつ》の跡《あと》をいじらないように、シャンプーハットのようなものが首《くび》につけられています。動《うご》きにくそうですが、もう少《すこ》しのがまんです。

「前《まえ》の猫《ねこ》のチョコは、二十年《ねん》も生《い》きたのよ。さくらも、長生《ながい》きしてね」

静《しず》かに語《かた》りかける滝沢《たきざわ》さんに抱《だ》かれて、さくらは安心《あんしん》したように眠《ねむ》りました。

部屋《へや》に飾《かざ》られた額縁《がくぶち》の真《ま》ん中《なか》に、「長寿動物飼育功労者《ちょうじゅどうぶつしいくこうろうしゃ》」の表彰状《ひょうしょうじょう》があり、チョコの写真《しゃしん》がいっしょに収《おさ》められています。滝沢《たきざわ》さんは、いつも、その写真《しゃしん》に目《め》をやりながら、「さくらのことを見守《みまも》ってね」と声《こえ》をかけます。

天国《てんごく》にいるチョコは、「うん、わかっているよ。心配《しんぱい》しないで」と、滝沢《たきざわ》さんに返事《へんじ》をし、きっと、さくらにもメッセージを送《おく》っているはずです。「お母《かあ》さんを頼《たの》むよ」と。

*片足《かたあし》の猫《ねこ》「リン」は大事《だいじ》な預《あず》かりもの……南魚沼市《みなみうおぬまし》

右前足《みぎまえあし》のない猫《ねこ》のリンは、被災《ひさい》した飼《か》い主《ぬし》といっしょに仮設住宅《かせつじゅうたく》に住《す》んでいました。ところが、その飼《か》い主《ぬし》が仮設住宅《かせつじゅうたく》を出《で》て、新《あら》たに住《す》むことになった公営住宅《こうえいじゅうたく》は、ペットの飼育《しいく》が禁止《きんし》されています。飼《か》い主《ぬし》はやむをえずセンターに預《あず》け、新《あたら》しい飼《か》い主《ぬし》を探《さが》してもらうことにしました。

南魚沼市《みなみうおぬまし》に住《す》む今井《いまい》すみいさんは、新聞《しんぶん》で飼《か》い主《ぬし》の募集《ぼしゅう》について知《し》り、協力《きょうりょく》したいと申《もう》し出《で》ていました。

「災害《さいがい》にあってつらいのは、人《ひと》も動物《どうぶつ》も同《おな》じ。何《なに》か役《やく》に立《た》てることはないだろうか。不幸《ふこう》な猫《ねこ》を救《すく》う手助《てだす》けなら、私《わたし》にもできるのでは……」

今井《いまい》さんは飼《か》い猫《ねこ》が病死《びょうし》してから、しばらく猫《ねこ》を飼《か》うのはひかえていたものの、このとき初《はじ》めて、猫《ねこ》の世話《せわ》がしたいという気持《きも》ちになっていました。

「この子《こ》は交通事故《こうつうじこ》で前足《まえあし》にけがをして、そこからばい菌《きん》が入《はい》ってしまってね、切断《せつだん》するしかなかったの……。でも、階段《かいだん》も上《のぼ》り下《お》りできるし、すばしっこいのよ。かわいい子《こ》なんです……」

センターでの引《ひ》き渡《わた》しに来《き》た飼《か》い主《ぬし》の声《こえ》が、震《ふる》えています。猫《ねこ》を飼《か》ったことがある今井《いまい》さんには、その飼《か》い主《ぬし》の気持《きも》ちが痛《いた》いほどわかり、かける言葉《ことば》が見《み》つかりません。

「どうぞ、いつでも、会《あ》いに来《き》て下《くだ》さってかまわないんですよ。私《わたし》は、リン

今井《いまい》さんに甘《あま》えるリン。

ちゃんをお預《あず》かりするんだという気持《きも》ちでいますから……。お住《す》まいからそんなに遠《とお》くないようだし、遠慮《えんりょ》なく、様子《ようす》を見《み》にいらして下《くだ》さいね。リンちゃんも、きっと喜《よろこ》びますよ」

「どうもありがとうございます……よろしく、お願《ねが》いします。リン、ごめんね。元気《げんき》でね……いつか、会《あ》えるからね」

飼《か》い主《ぬし》は胸《むね》に抱《だ》いたリンを、泣《な》く泣《な》く今井《いまい》さんに手渡《てわた》しました。

「ニャ～、ニャ～ン」

今井《いまい》さんは、大事《だいじ》な宝物《たからもの》を奪《うば》っ

てしまったようで、いたたまれなくなりました。

（この猫《ねこ》は、飼《か》い主《ぬし》さんにとっては、子《こ》どものようなもの。飼《か》い主《ぬし》さんのためにも、絶対《ぜったい》にさびしい思《おも》いはさせられない……。リンちゃん、いっぱい甘《あま》えていいのよ。楽《たの》しく暮《く》らそうね）

今井《いまい》さんは、前《まえ》にいる飼《か》い主《ぬし》さんを思《おも》いやって、リンのつぶらな瞳《ひとみ》に、心《こころ》の中《なか》で語《かた》りかけました。

冬《ふゆ》に向《む》かう時期《じき》に引《ひ》き取《と》られたリンは、雪《ゆき》が消《き》えるのを待《ま》っていたかのように外《そと》に出《で》るようになりました。片足《かたあし》ながら、モグラやネズミをつかまえてくるほど活発《かっぱつ》で、自分《じぶん》の居心地《いごこち》のいい世界《せかい》を広《ひろ》げています。今井《いまい》さんとの暮《く》らしにもなじみ、すっかり心《こころ》を通《かよ》わせています。

〈最後《さいご》の二匹《ひき》も安住《あんじゅう》できる家《いえ》へ〉

トラとボスは、山古志村《やまこしむら》で見《み》つかった猫《ねこ》です。生活衛生課《せいかつえいせいか》の職員《しょくいん》たちがエサをやると、おなかがすいているのか、すぐに近《ちか》づいてきました。

「人《ひと》なつっこい猫《ねこ》だなあ。きっと、だれかに飼《か》われていたんだね」

「ようし、いい子《こ》だ。すぐ、飼《か》い主《ぬし》さんに会《あ》わせてやるからな」

おとなしくケージに入《はい》ったので、職員《しょくいん》たちは、すぐに飼《か》い主《ぬし》が見《み》つかると思《おも》いました。けれども、避難所《ひなんじょ》を回《まわ》って飼《か》い主《ぬし》を捜《さが》しても、名乗《なの》り出《で》る人《ひと》がいません。

山古志村《やまこしむら》は自然《しぜん》が豊《ゆた》かで、動物《どうぶつ》たちにとって恵《めぐ》まれた場所《ばしょ》。もしかしたら、決《き》まった飼《か》い主《ぬし》の元《もと》にいたのではなく、地域《ちいき》で世話《せわ》をされていた猫《ねこ》だったのかもしれません。半年過《はんとしす》ぎても、結局《けっきょく》、飼《か》い主《ぬし》はわかりませんでした。

二〇〇五年《ねん》三月《がつ》から始《はじ》まった譲渡会《じょうとかい》では、見《み》ばえのいい猫《ねこ》や若《わか》い猫《ねこ》は、どんどん引《ひ》き取《と》られていきました。けれども、トラとボスには飼《か》い主《ぬし》になってくれる人《ひと》が、なかなか現《あら》われません。二匹《ひき》とも十才以上《さいいじょう》と、かなり年《とし》をとっているうえ、猫《ねこ》エイズウイルスに感染《かんせん》していたからです。

猫《ねこ》エイズとは、猫免疫不全《ねこめんえきふぜん》ウイルス感染症《かんせんしょう》とも言《い》い、ワクチンでは防《ふせ》ぐことのできないウイルスの病気《びょうき》です。人間《にんげん》には感染《かんせん》しませんが、ほかの猫《ねこ》といっしょにすることはできず、家《いえ》の中《なか》で飼《か》うようにしなくてはなりません。

二〇〇六年《ねん》十月《がつ》。そんなトラとボスにも、ようやく新《あたら》しい飼《か》い主《ぬし》が決《き》まりました。やっと、心優《こころやさ》しい飼《か》い主《ぬし》の下《もと》で、幸《しあわ》せに暮《く》らせるようになったのです。保護《ほご》されてから、ほぼ二年《ねん》が過《す》ぎていました。

*目《め》の不自由《ふじゆう》な飼《か》い主《ぬし》にぬくもり与《あた》える「トラ」……北蒲原郡聖籠町《きたかんばらぐんせいろうまち》

トラはオスの猫《ねこ》で、毛並《けな》みの特徴《とくちょう》から、魚沼動物保護管理《うおぬまどうぶつほごかんり》センターで名前《なまえ》がつけられました。人間《にんげん》で言《い》えば七十才《さい》を過《す》ぎたおじいちゃん猫《ねこ》。毛並《けな》みや見《み》ばえがあまりいいとは言《い》えないせいか、引《ひ》き取《と》りたいという人《ひと》が見《み》つかりませんでした。

新潟県北蒲原郡聖籠町《にいがたけんきたかんばらぐんせいろうまち》の斉藤俊雄《さいとうとしお》さんは、いつも聞《き》いている朝《あさ》のラジオ番《ばん》組《ぐみ》で、被災猫《ひさいねこ》の新《あたら》しい飼《か》い主探《ぬしさが》しを知《し》りました。

(地震《じしん》から、もう二年《ねん》だというのに……。だれにも引《ひ》き取《と》られない猫《ねこ》か……。かわいそうだなあ)

ラジオから軽快《けいかい》な音楽《おんがく》が次々《つぎつぎ》に流《なが》れますが、斉藤《さいとう》さんの頭《あたま》の中《なか》には、ひとりぼっちでたたずむ猫《ねこ》の姿《すがた》が浮《う》かび、気持《きも》ちが沈《しず》んでいくばかりです。

(ひとりぼっちがさびしいのはよくわかる……なんとかしてやりたいんだけれど……)

斉藤《さいとう》さんはパン職人《しょくにん》として働《はたら》き盛《ざか》りだった十年《ねん》ほど前《まえ》の五十才《さい》の頃《ころ》、病気《びょうき》のために視力《しりょく》を失《うしな》い、仕事《しごと》を辞《や》めざるをえませんでした。今《いま》は一人暮《ひとりぐ》らしをしています。

飼《か》い主探《ぬしさが》しのことを聞《き》いてからというもの、寝《ね》ても覚《さ》めても、あわれな猫《ねこ》の姿《すがた》が頭《あたま》に浮《う》かび、いても立《た》ってもいられない気持《きも》ちになってしまいます。

(もう、飼《か》い主《ぬし》は決《き》まったのだろうか……。もし、まだ引《ひ》き取《と》る人《ひと》がいないというのであれば、申《もう》し出《で》てみよう……)

それから数日後《すうじつご》、センターの職員《しょくいん》に連《つ》れられて、トラが斉藤《さいとう》さんの家《いえ》にやってきました。しばらくの間《あいだ》は、庭《にわ》に出《で》ていて、エサを食《た》べに家《いえ》の中《なか》に入《はい》るだけでした。けれども、冬《ふゆ》になり寒《さむ》くなるにつれて、家《いえ》の中《なか》にいる時間《じかん》がだんだん増《ふ》え、ようやく斉藤《さいとう》さんに心《こころ》を開《ひら》くようになりました。

斉藤《さいとう》さんとこたつで温《あたた》まるトラ。

今《いま》では、斉藤《さいとう》さんの眠《ねむ》る布団《ふとん》の上《うえ》で丸《まる》くなったり、押《お》し入《い》れやこたつの中《なか》に入《はい》ったりするなど、家《いえ》の中《なか》のあちこちに、お気《き》に入《い》りの場所《ばしょ》があります。

トラは斉藤《さいとう》さんの足《あし》にまとわりつき、手《て》に顔《かお》をすり寄《よ》せては、のどをゴロゴロ鳴《な》らします。斉藤《さいとう》さんはトラの世話《せわ》をしたり、言葉《ことば》をかけたりすることで、生活《せいかつ》に張《は》りが出《で》て来《き》ました。心《こころ》がいやされ、穏《おだ》やかな気持《きも》ちで過《す》ごせる毎日《まいにち》となりました。

「ふびんでならない」と思《おも》って引《ひ》き取《と》ったトラでしたが、斉藤《さいとう》さんにとって、かけがえのない存在《そんざい》となりました。目《め》が不自由《ふじゆう》で、一人《ひとり》暮《ぐ》らしをしてきた斉《さい》藤《とう》さんのさびしさを、トラがまるごと引《ひ》き受《う》けてくれたかのようです。

身近《みぢか》に命《いのち》のぬくもりが感《かん》じられるということは、人《ひと》の心《こころ》に明《あ》かりをともしてくれることになるのです。斉藤《さいとう》さんは、ずっと長《なが》く支《ささ》え合《あ》っていきたいと、心《こころ》の底《そこ》から思《おも》っています。

＊終《つい》のすみかで安《やす》らかに暮《く》らした「ボス」……新潟市《にいがたし》

トラが引《ひ》き取《と》られて、魚沼《うおぬま》動物《どうぶつ》保《ほ》護《ご》管《かん》理《り》センターには、ボスというオス猫《ねこ》が残《のこ》るだけとなりました。

センターの職員《しょくいん》たちが、ボスの周《まわ》りに集《あつ》まりました。

「二匹《ひき》でがんばってきたのに、ついに、一匹《ぴき》になっちゃったなあ。ボスという名前《なまえ》だけあって、みんなが引《ひ》き取《と》られていくのを見守《みまも》ってきたのかなあ」

「いよいよ、ボスの番《ばん》ですね。新潟市《にいがたし》の相沢《あいざわ》さんにお願《ねが》いしましょうか」

相沢八重子《あいざわやえこ》さんは、最後《さいご》の三匹《びき》が残《のこ》っているときに、引《ひ》き取《と》りを希望《きぼう》する電話《でんわ》をかけていました。

「だれも引《ひ》き取《と》り手《て》のいない猫《ねこ》を、私《わたし》が引《ひ》き取《と》ります。年《とし》をとった猫《ねこ》、見《み》た目《め》が悪《わる》かったり体《からだ》が弱《よわ》かったりする猫《ねこ》は、たぶん残《のこ》ってしまうでしょう。私《わたし》は、そんな猫《ねこ》を引《ひ》き取《と》りたいんです」

センターの職員《しょくいん》は相沢《あいざわ》さんの申《もう》し出《で》に驚《おどろ》きながらも、しばらく時間《じかん》を置《お》いて、連絡《れんらく》をすることにしていたのです。

「最後《さいご》まで残《のこ》ったのがボスなんですが、一度《いちど》、見《み》ていただいたほうがよろしいかと思《おも》います。ボスは十才《さい》をはるかに超《こ》えたおじいちゃん猫《ねこ》です。ここに来《き》たときは、元気《げんき》だったんですが、時々《ときどき》、調子《ちょうし》の悪《わる》いこともあります。猫《ねこ》エイズウイルスを持《も》っていますが、病気《びょうき》のことはご存知《ぞんじ》でしょうか」

センターの職員《しょくいん》で獣医師《じゅういし》でもある関直人《せきなおと》さんが、電話《でんわ》をかけました。

「はい、わかっています。でも、ボスちゃんに会《あ》わなくても、だいじょうぶです。どんなに老《お》いぼれて弱《よわ》っていても、どんなに見《み》ばえがよくなくても、引《ひ》き取《と》るつもりでいましたから。これまで、猫《ねこ》は何度《なんど》も飼《か》ったことがあって、病気《びょうき》の猫《ねこ》の世話《せわ》をしたこともあります」

関《せき》さんは、願《ねが》ってもない人《ひと》が現《あら》われたと喜《よろこ》ぶとともに、相沢《あいざわ》さんの申《もう》し出《で》には、頭《あたま》が下《さ》がりました。

「ボス、待《ま》ったかいがあったな。いい飼《か》い主《ぬし》さんに巡《めぐ》り会《あ》えて、よかったな」

「ニャ〜〜」

丸《まる》くなって寝《ね》ていたボスは、事情《じじょう》がわかったかのように、一声鳴《ひとこえな》いて、関《せき》さんを見上《みあ》げました。

相沢《あいざわ》さんは、これまで犬《いぬ》や猫《ねこ》を何匹《なんびき》も飼《か》ってきました。捨《す》てられた動物《どうぶつ》の面倒《めんどう》をみていることが知《し》られて、自宅前《じたくまえ》に犬《いぬ》や猫《ねこ》を置《お》き去《ざ》りにされたことも、一度《いちど》や二度《にど》ではありません。

また、不思議《ふしぎ》なことに、車《くるま》にはねられて今《いま》にも死《し》にそうな猫《ねこ》を見《み》つけることが多《おお》く、そのつど家《いえ》に連《つ》れて帰《かえ》っては世話《せわ》をしたり、病院《びょういん》に連《つ》れて行《い》ったり、最期《さいご》をみとったりしてきました。動物《どうぶつ》を引《ひ》き寄《よ》せる何《なに》かがあり、助《たす》けを求《もと》める動物《どうぶつ》と出会《であ》う宿命《しゅくめい》にあるのかもしれません。

「山古志村《やまこしむら》に帰《かえ》ることはできないけれど、ここで、のんびり過《す》ごそうね。つらい思《おも》いをした分《ぶん》、幸《しあわ》せになろうね」

人《ひと》の愛情《あいじょう》にふれたかったにちがいないと、ボスのことを気《き》にかける相沢《あいざわ》さんには、すべてを包《つつ》み込《こ》んでくれる優《やさ》しさがあふれています。体調《たいちょう》の悪《わる》い日《ひ》があり、病院《びょういん》に通《かよ》う日《ひ》も多《おお》くなりました。ボスがそばに来《き》て甘《あま》えると、相沢《あいざわ》さんはいつでも胸《むね》にだき、ボスの息《いき》づかいに耳《みみ》を澄《す》まします。

「一日《にち》でも長《なが》く生《い》きてほしい」

「まだまだボスといっしょに春夏《しゅんか》秋冬《しゅうとう》を迎《むか》えたい」

相沢《あいざわ》さんの家族《かぞく》に見守《みまも》られながら、ボスは幸《しあわ》せなひとときを過《す》ごしていました。

二〇〇七年《ねん》七月《がつ》。

ボスが来《き》て九ヵ月《げつ》が経《た》ち、ボスの姿《すがた》がリビングにあるのが当《あ》たり前《まえ》の毎日《まいにち》となっていました。けれども、ボスはなんだか元気《げんき》がありません。だんだん食欲《しょくよく》もなくなり、点滴《てんてき》を打《う》ってもらっても回復《かいふく》する様子《ようす》がありませんでした。

そしてとうとう、七月《がつ》十一日《にち》の早朝《そうちょう》、相沢《あいざわ》さんに見守《みまも》られて、眠《ねむ》

相沢《あいざわ》さんのひざの上《うえ》で安《やす》らぐ、ありし日《ひ》のボス。

るように息《いき》を引《ひ》き取《と》りました。

「前《まえ》の晩《ばん》、ボスはいつもと違《ちが》って、ずっと鳴《な》き声《ごえ》を出《だ》していたわね。ボスは、もうお別《わか》れだということがわかって、最後《さいご》の力《ちから》をふりしぼってお話《はなし》をしてくれたのね。もっともっと長生《ながい》きしてほしかった……。でも、心《こころ》を通《かよ》い合《あ》わせた毎日《まいにち》は楽《たの》しかったね。ありがとう、ボス……」

相沢《あいざわ》さんは、ボスとふれあった日々《ひび》を思《おも》い出《だ》すと、涙《なみだ》があふれてしかたがありません。けれども、不思議《ふしぎ》と穏《おだ》やかな気持《きも》ちもわいてくるのです。ボスはこれからもずっと心《こころ》の中《なか》にいて、いつもいっしょなのだと思《おも》えるからかもしれません。

「ぼくのことを大事《だいじ》にしてくれて、どうもありがとう。ぼくは本当《ほんとう》に幸《しあわ》せだったよ。お母《かあ》さんのこと、みんなのこと、いつまでも忘《わす》れないよ」

そんなボスの声《こえ》が聞《き》こえてくるようです。


（おわり）

おわりに

旧山古志村《きゅうやまこしむら》は、新潟県中越地震《にいがたけんちゅうえつじしん》で大《おお》きな被害《ひがい》を受《う》けました。そこにお住《す》まいの樺沢家《かばさわけ》の皆《みな》さんにお会《あ》いしたのは、新潟市内《にいがたしない》の書店《しょてん》で目《め》にした『帰《かえ》ろう山古志《やまこし》へ』（「よしたー山古志《やまこし》」編《へん》　発行《はっこう》・新潟日報事業社《にいがたにっぽうじぎょうしゃ》　二〇〇六年刊《ねんかん》）という本《ほん》を読《よ》んだのがきっかけでした。

子《こ》どもからお年寄《としよ》りまで九十二人《にん》の村民《そんみん》の体験《たいけん》がまとめられたこの本《ほん》には、地震《じしん》の恐怖《きょうふ》とともに、村《むら》を離《はな》れなければならなかった悲《かな》しさ、つらさが綴《つづ》られていました。と同時《どうじ》に、全国《ぜんこく》からの支援《しえん》に感謝《かんしゃ》しながら、心《こころ》を一つにして立《た》ち上《あ》がろうとする姿《すがた》、ふるさとを守《まも》っていこうという気持《きも》ちが強《つよ》く感《かん》じられ、涙《なみだ》をこらえることができませんでした。

樺沢《かばさわ》まり子《こ》さんは、この本《ほん》に、二匹《ひき》の飼《か》い猫《ねこ》との別《わか》れについて寄稿《きこう》されていました。短《みじか》い文章《ぶんしょう》の中《なか》に、チボとハルを想《おも》う気持《きも》ちがあふれていて、二匹《ひき》がかけがえのない家族《かぞく》であったことが容易《ようい》に想像《そうぞう》できました。

そんな樺沢《かばさわ》さんのご家族《かぞく》のチボとハルへの想《おも》い、避難先《ひなんさき》での体験《たいけん》などを紹《しょう》介《かい》することによって、「人間《にんげん》と動物《どうぶつ》の絆《きずな》」について考《かんが》えるきっかけになるお話《はなし》が書《か》けないかと考《かんが》えました。

一方《いっぽう》で、新潟県《にいがたけん》生活衛生課《せいかつえいせいか》が中心《ちゅうしん》となって行《おこ》なった、置《お》き去《ざ》りにされた動《どう》物《ぶつ》たちの救援活動《きゅうえんかつどう》は、調《しら》べれば調《しら》べるほど、危険《きけん》を伴《ともな》う大変《たいへん》な作業《さぎょう》だったことがわかり、頭《あたま》が下《さ》がる思《おも》いがしました。

その知《し》られざる地道《じみち》な活動《かつどう》と合《あ》わせて、住民《じゅうみん》のペットたちのために奔走《ほんそう》した職員《しょくいん》の方々《かたがた》のご苦労《くろう》もたくさんの人《ひと》に知《し》ってもらい、「動物《どうぶつ》といっしょに生《い》きること」についても考《かんが》えてもらえればと思《おも》いました。

現在《げんざい》、全国《ぜんこく》で飼《か》われている犬《いぬ》と猫《ねこ》の数《かず》は二千五百万匹《せんひゃくまんびき》とも言《い》われ、ペットのいる家庭《かてい》は、全世帯《ぜんせたい》のほぼ三割《わり》にまで達《たっ》しています。けれども、地震《じしん》、水害《すいがい》、台風《たいふう》などの災害《さいがい》が起《お》きるたびに、飼《か》い主《ぬし》と離《はな》ればなれになったり、置《お》き去《ざ》りにされたり、避難所《ひなんじょ》に入《はい》れなかったり、仮設住宅《かせつじゅうたく》に引《ひ》き取《と》ってもらえなかったりするペットが後《あと》を絶《た》ちません。動物《どうぶつ》が最《もっと》も弱《よわ》い立場《たちば》に置《お》かれてしまうのは、昔《むかし》からほとんど変《か》わってはいないのです。

自治体《じちたい》の中《なか》には、最近《さいきん》、ペットを連《つ》れての避難訓練《ひなんくんれん》を行《おこ》なったり、被災動物《ひさいどうぶつ》のための一時預《いちじあず》かり場所《ばしょ》を確保《かくほ》したりするなど、災害時《さいがいじ》のペット対策《たいさく》に真剣《しんけん》に取《と》り組《く》むところが、ようやく増《ふ》えてきました。

日本《にほん》は地震列島《じしんれっとう》とも呼《よ》ばれるほど地震《じしん》の多《おお》い国《くに》。大《おお》きな地震《じしん》が明日《あす》にでも起《お》きるかもしれないのですから、手《て》をこまねいている余裕《よゆう》はありません。これまでの教訓《きょうくん》を生《い》かし、災害時《さいがいじ》の対策《たいさく》を早急《そうきゅう》に講《こう》じる必要《ひつよう》があるのではないでしょうか。

また、人間《にんげん》と動物《どうぶつ》が幸《しあわ》せに暮《く》らしていくためには、ペットが家族《かぞく》にかわいがられるだけはなく、社会《しゃかい》の一員《いちいん》として認《みと》められることが必要《ひつよう》です。社会《しゃかい》に受《う》け入《い》れてもらうために、飼《か》い主《ぬし》がペットを飼《か》う心構《こころがま》えをどれほど自覚《じかく》しているか、また、自然災害《しぜんさいがい》にあった時《とき》に、どのように行動《こうどう》すべきか……そのような「飼《か》い主《ぬし》の責任《せきにん》」についても、真剣《しんけん》に考《かんが》えてほしいと願《ねが》っています。

この本《ほん》の執筆《しっぴつ》にあたっては、たくさんの方々《かたがた》のご協力《きょうりょく》をいただきました。

今年《ことし》一月《がつ》十四日《よっか》、雪《ゆき》のない新潟市《にいがたし》から長岡市《ながおかし》を通《とお》り、旧山古志村《きゅうやまこしむら》に向《む》かいました。しんしんと降《ふ》り積《つ》もる雪《ゆき》が地震《じしん》のつめあとをすっぽりと包《つつ》み、そこには、静《しず》かな雪景色《ゆきげしき》が広《ひろ》がっていました。

樺沢《かばさわ》さんのご家族《かぞく》がお住《す》まいの種苧原地区《たねすはらちく》では、たくさんの人《ひと》が集《あつ》まって、「さいの神《かみ》」の準備《じゅんび》が進《すす》められていました。三年《ねん》ぶりの小正月《こしょうがつ》の伝統行事《でんとうぎょうじ》です。そんなお忙《いそが》しい中《なか》、いろいろとお話《はなし》を聞《き》かせて下《くだ》さった樺沢家《かばさわけ》の皆《みな》さんには、心《こころ》より感謝《かんしゃ》しております。

新潟県《にいがたけん》生活《せいかつ》衛生《えいせい》課《か》の動物《どうぶつ》愛護《あいご》・衛生《えいせい》係長《かかりちょう》の川上直也《かわかみなおや》さんには、県《けん》の活動《かつどう》についていろいろ教《おし》えていただきました。また、同課《どうか》の星彩美《ほしあやみ》さんには、被災《ひさい》動物《どうぶつ》の新《あたら》しい飼《か》い主《ぬし》になった方々《かたがた》への取材《しゅざい》を調整《ちょうせい》していただいたり、さまざまな資料《しりょう》や写真《しゃしん》の手配《てはい》などをしていただきました。この場《ば》を借《か》りて、心《こころ》よりお礼《れい》を申《もう》し上《あ》げます。また、ご多忙《たぼう》にもかかわらず、快《こころよ》く取材《しゅざい》に応《おう》じて下《くだ》さった魚沼《うおぬま》動物《どうぶつ》保護《ほご》管理《かんり》センターの関直人《せきなおと》さん、被災《ひさい》動物《どうぶつ》を引《ひ》き取《と》られた新潟《にいがた》県内《けんない》各地《かくち》の五人《にん》の飼《か》い主《ぬし》の方々《かたがた》には、貴重《きちょう》なお時間《じかん》を割《さ》いていただき、ありがとうございました。（二〇〇七年《ねん》四月《がつ》より、川上《かわかみ》さんは長岡《ながおか》食肉《しょくにく》衛生《えいせい》検査《けんさ》センターへ、関《せき》さんは下越《かえつ》動物《どうぶつ》保護《ほご》管理《かんり》センターへ異動《いどう》されました）

地震《じしん》発生《はっせい》から三回目《かいめ》の夏《なつ》を迎《むか》え、被災者《ひさいしゃ》の方々《かたがた》の生活《せいかつ》再建《さいけん》がようやく軌道《きどう》に乗《の》ったところに、またもや震度《しんど》六強《きょう》の地震《じしん》が起《お》きました。七月《がつ》十六日《にち》に起《お》きた「新潟県中越沖地震《にいがたけんちゅうえつおきじしん》」の震源《しんげん》は、前《まえ》の中越《ちゅうえつ》地震《じしん》の震源《しんげん》と四十キロメートルしか離《はな》れていないところでした。これほど大《おお》きな地震《じしん》が、またほとんど同《おな》じ場所《ばしょ》で起《お》きることなど、だれが予想《よそう》できたでしょうか。中越《ちゅうえつ》地震《じしん》の傷跡《きずあと》がようやく癒《い》えてきたところへの、度重《たびかさ》なる災害《さいがい》。その打《だ》撃《げき》は計《はか》り知《し》れないもので、被災者《ひさいしゃ》の方々《かたがた》の苦《くる》しみはいかばかりかとお気《き》の毒《どく》でならず、住民《じゅうみん》の方々《かたがた》のお気《き》持《も》ち、復興《ふっこう》に向《む》けて尽力《じんりょく》されている大勢《おおぜい》の方々《かたがた》

元気《げんき》だったころのハルといっしょに。
左《ひだり》からお母《かあ》さんのまり子《こ》さん、恒平君《こうへいくん》、直人君《なおとくん》、圭介君《けいすけくん》。

のことを思《おも》うと、言葉《ことば》もありません。

八月下旬《がつげじゅん》、学校《がっこう》の夏休《なつやす》みも終《お》わりに近《ちか》づいたころ、樺沢《かばさわ》さんから連絡《れんらく》をいただきました。

中越沖地震《ちゅうえつおきじしん》のとき、ハルの行方《ゆくえ》がわからなくなって心配《しんぱい》したものの、次《つぎ》の日《ひ》、無事《ぶじ》にもどってきたこと。そして、数日前《すうじつまえ》から具合《ぐあい》が悪《わる》くなり、腎臓《じんぞう》の病気《びょうき》が回復《かいふく》しないまま、天国《てんごく》に旅立《たびだ》ってしまったという、思《おも》いもよらない悲《かな》しい知《し》らせでした。また、チボとハルが離《はな》ればなれになって三年《ねん》も経《た》つことから、「ハルはようやく天国《てんごく》で、お母《かあ》さんのチボに会《あ》い、甘《あま》えているのかもしれないね」と、ご家族《かぞく》で話《はな》していることなども教《おし》えてくださいました。ハルが死《し》んだ八月《がつ》十九日《にち》は、三人《にん》の兄弟《きょうだい》の中《なか》で、ハルを一番《いちばん》かわいがっていた恒平君《こうへいくん》の十五才《さい》の誕生日《たんじょうび》だったとのことで、樺沢《かばさわ》さんご家族《かぞく》の悲《かな》しみを思《おも》うと、やりきれない思《おも》いでいっぱいになりました。

けれども、ハルはとても幸《しあわ》せだったのではないかと思《おも》わずにはいられません。中越地震《ちゅうえつじしん》でこわい思《おも》いはしたものの、多《おお》くの人《ひと》の温《あたた》かい心《こころ》に触《ふ》れることができ、その後《ご》、樺沢《かばさわ》さんご家族《かぞく》と再《ふたた》び山古志《やまこし》で暮《く》らせたのですから。

新潟《にいがた》を襲《おそ》った二回《かい》の大《おお》きな地震《じしん》は、人間《にんげん》だけではなく、動物《どうぶつ》たちの運命《うんめい》も変《か》えてしまう出来事《できごと》でした。美《うつく》しいふるさとの自然《しぜん》がよみがえり、元通《もとどお》りの暮《く》らしにもどるまでには、まだまだ時間《じかん》がかかるかもしれませんが、住民《じゅうみん》の皆様《みなさま》とペットの犬《いぬ》や猫《ねこ》が穏《おだ》やかに暮《く》らせる日《ひ》が、一日《にち》も早《はや》く訪《おとず》れることを願《ねが》ってやみません。

二〇〇七年《ねん》九月《がつ》　キャンベラにて　池田《いけだ》まき子《こ》

<著者紹介>

池田まき子（いけだ　まきこ）

1958年秋田県生まれ。雑誌の編集者を経て、1988年留学のためオーストラリアへ渡って以来、首都キャンベラ市に在住。フリーランス・ライター。

著書に「検疫探知犬クレオとキャンディー」「いのちの鼓動が聞こえる」「出動！ 災害救助犬トマト」「3日の命を救われた犬ウルフ」「車いすの犬チャンプ」（当社刊）、「生きるんだ！ラッキー・山火事で生きのこったコアラの物語」（学習研究社）、「アボリジニのむかしばなし」（新読書社）、「花火師の仕事」（無明舎出版）、訳書に「すすにまみれた思い出・家族の絆をもとめて」（金の星社／産経児童出版文化賞推薦）などがある。

<写真提供>
新潟県福祉保健部生活衛生課
樺沢和幸さん・まり子さん

山古志村《やまこしむら》で被災《ひさい》したペットたちの物語《ものがたり》
地震《じしん》の村《むら》で待《ま》っていた猫《ねこ》のチボとハル

平成19年11月23日　第1刷発行

ISBN978-4-89295-579-2 C8093

発行者　日高裕明
発行所　ハート出版

〒171-0014
東京都豊島区池袋 3-9-23
TEL.03-3590-6077　FAX.03-3590-6078
ハート出版ホームページ http://www.810.co.jp/

印刷・製本／大日本印刷

★乱丁、落丁はお取り替えします。その他お気づきの点がございましたら、お知らせ下さい。
編集担当／藤川、佐々木